CMF 设计概论

色彩/材料/工艺

Color
Material
Finishing

主　编　王铁球
副主编　郭建文
　　　　谢　黎

图书在版编目（CIP）数据

CMF 设计概论 / 王铁球主编. —成都：西南交通大学出版社，2022.6（2025.2 重印）

ISBN 978-7-5643-8690-0

Ⅰ. ①C… Ⅱ. ①王… Ⅲ. ①产品设计－高等学校－教材 Ⅳ. ①TB472

中国版本图书馆 CIP 数据核字（2022）第 082756 号

CMF Sheji Gailun

CMF 设计概论　　主编　王铁球

责任编辑	赵永铭
封面设计	何东琳设计工作室
出版发行	西南交通大学出版社 （四川省成都市金牛区二环路北一段 111 号 西南交通大学创新大厦 21 楼）
发行部电话	028-87600564　028-87600533
邮政编码	610031
网址	https://www.xnjdcbs.com
印刷	成都蜀雅印务有限公司
成品尺寸	185 mm × 260 mm
印张	7.25　　字数　177 千
版次	2022 年 6 月第 1 版　　印次　2025 年 2 月第 3 次
书号	ISBN 978-7-5643-8690-0
定价	45.00 元

课件咨询电话：028-81435775

前 言

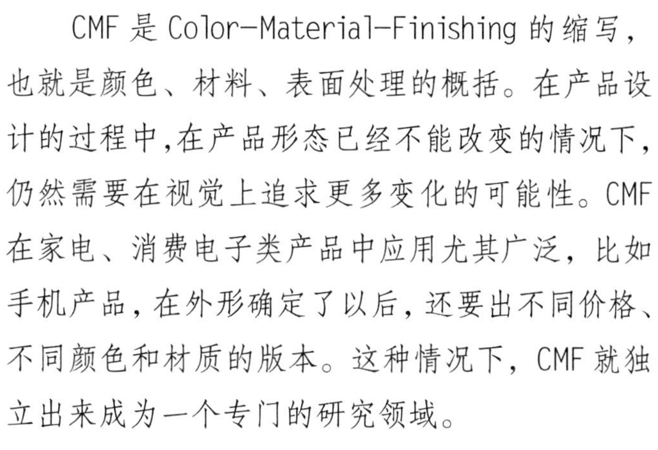

CMF 是 Color-Material-Finishing 的缩写，也就是颜色、材料、表面处理的概括。在产品设计的过程中,在产品形态已经不能改变的情况下，仍然需要在视觉上追求更多变化的可能性。CMF 在家电、消费电子类产品中应用尤其广泛，比如手机产品，在外形确定了以后，还要出不同价格、不同颜色和材质的版本。这种情况下，CMF 就独立出来成为一个专门的研究领域。

CMF 设计是生产企业在新品开发过程中根据细分市场的需求和个性化的外观需求的外观设计流程。目前设计行业逐渐形成了一些基础 CMF 的设计理论，工业设计相关的知名大学也在逐步完善设计专业中 CMF 教学的理论和资料，培养专门的 CMF 设计人才。

本书编者有多年的 CMF 的设计实践，从设计项目本身到设计流程的制定以及“新材料、新工艺”的探索，都曾主导或参与过，现将 CMF 设计流程和实践案例整理成书，供产品设计专业的老师和同学参考。

对书中引用、参考的书籍、图片等，本书编者致以衷心的感谢！

目录 CONTENTS

01 CMF 概述

1.1 CMF 概念

从目前的资料来看，设计行业没有明确的 CMF 概念的产生时间和提出者。应该说，最初的 CMF 概念并不是今天从产品外观的色彩、材料、工艺几个方面出发阐述产品开发的策略，而应该是设计专业教学过程中的基础训练内容，特别是设计细分专业。例如：珠宝设计、产品设计、陶瓷设计、环艺设计、室内设计、家具设计等各个设计专业方向的教学内容里，本身就包含了色彩、材料、工艺等内容。

虽然 CMF 从字面上只有 Color（色彩）、Material（材料）、Finishing（工艺）三个要素，但在具体设计中，还有一个要素——Patten（图案纹理）的设计是整体设计不可分割的重要部分，因此在 CMF 设计领域实际是四大要素，即 CMPF。

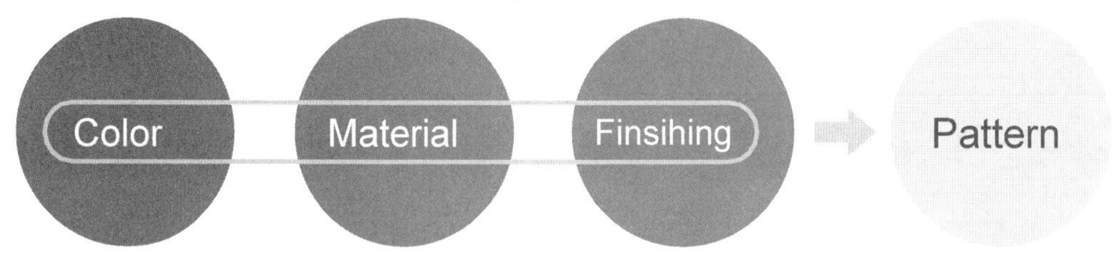

CMF 设计是作用于设计对象，联系、互动于这个对象与使用者之间的深层感性部分。
它是应用于产品设计中对色彩、材料、加工等设计对象的细节处理

1. Color/ 色彩

产品的外观色彩，对于使用者来说是比较直观的感觉信息。色彩构成或者色彩设计，是设计师的基础知识，而如何把握更多消费者的色彩倾向，就属于产品设计中 CMF 的设计范畴。

2. Material/ 材料

不同材料的组合与搭配，类似做设计构成一样，设计师可以用对比、均衡、突变、渐变等设计手法，依据创意思路来营造强弱的视觉效果。

3. Finsihing/ 工艺

简单理解就是材料处理带来的色彩、光泽、肌理图案上的变化，最终目标是在材料应用方面创造新的可能性，满足消费者对个性化的追求。

4. Pattern/ 图案纹理

图案纹理是 CMF 设计中的重要载体。材料或者工艺创新需要的时间周期比较长，创新成本比较高，而图案纹理的创新可以在材料和工艺不变的情况下做出新的感觉。图案纹理的设计本身就是设计专业的基础，对设计师来说有发挥创意的空间。随着工艺材料的发展，图案肌理的表现形式也由 2D 向 3D 转换，图案肌理的风格由复杂向简单、由机械具象向抽象数字化趋势发展。

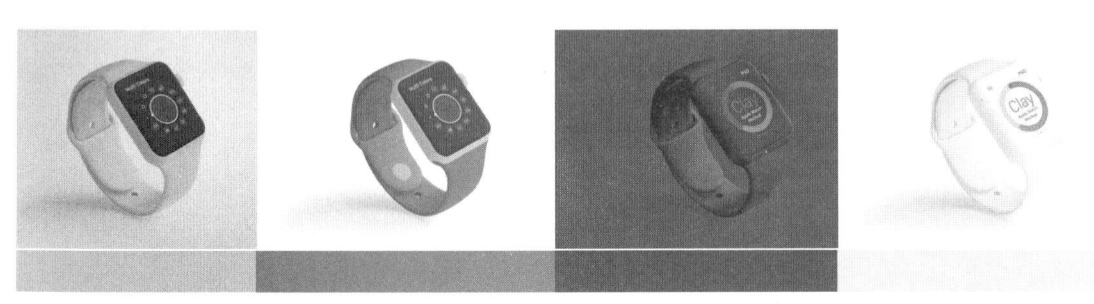

1.2 CMF 与产品设计

CMF 设计赋予产品外观与功能以外的产品特征（美学角度），是产品除了功能与外观之外与消费者交流的“灵魂”。有创意的产品设计是造型与色彩、材料、工艺相匹配融合的结果。

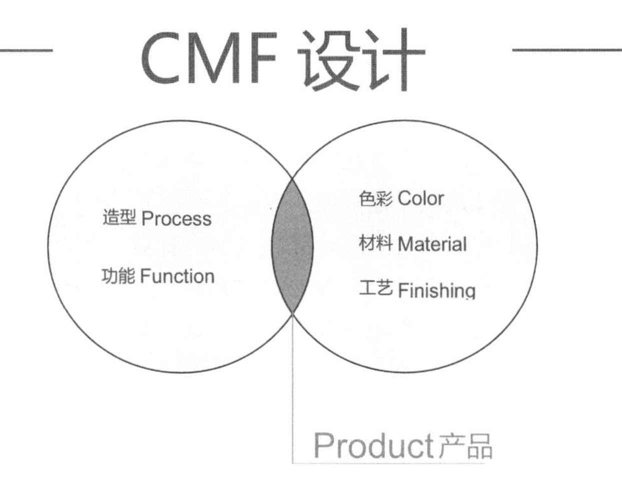

随着产品功能集成智能化，产品外观造型越来越“简单”，这个趋势在手机电子产品上很明显，家电和新能源汽车内饰也在朝着这个趋势发展。那么产品设计就需要通过 CMF 设计来达到外观的差异化。目前 CMF 在国内外各大企业蓬勃发展，CMF 成为企业打造差异化、个性化产品的一把利器。尤其在汽车行业、家电行业、消费电子行业、运动鞋制造行业备受重视，相关企业各自纷纷成立 CMF 设计部。国内一些比较有前瞻性的专业院校也很重视这个趋势，开设了 CMF 课程。

工业设计师需要用材料、工艺与设计做到最恰当的对应，设计价值才能呈现。好的材料应该和好的设计对应起来，做到“材质 + 工艺 + 设计”完美契合。设计师个体的成长受到教育和设计行业的限制，但是依然有突围的可能。工艺设计师要进一步夯实自己的职业能力和经验，了解真实产品的工艺和生产流程、材料特性、色彩搭配等方法非常有必要。还要了解学习一定的管理技能、商业技能、市场营销等等。

设计就像写文章，在设计中选择的材料、造型、各种比例、色彩等，只有是否恰当，没有对错之分。所以设计师要不断追求最合适的材料，匹配造型外观，最终诠释设计理念。用户的需求不仅仅是功能的需求，如何应对和满足用户的情感体验，才是设计的本质。

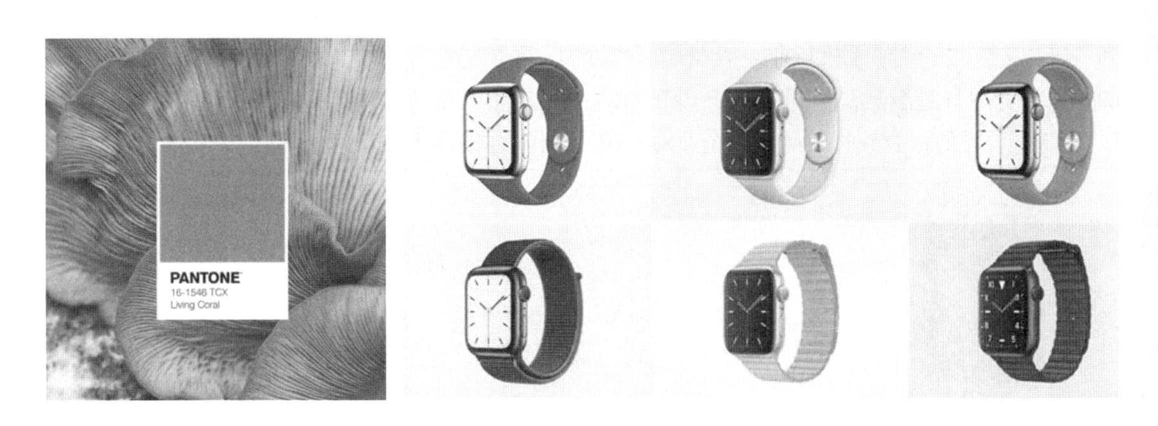

1.3 CMF 设计行业现状

CMF 设计的主要相关行业（产品设计相关）是汽车、家电、手机三大行业，泛核心行业是电子、服装、包装、医疗器械、玩具、家具、新材料等行业。CMF 设计相关的行业上下游产业链分为：① 材料厂家——油墨、油漆、高分子塑胶、膜片、金属、玻璃、板材、片材等加工厂；② 工艺配套厂家——模具、表面处理（注塑、喷涂电镀、铸造、阳极氧化、拉丝、喷砂、抛光、激光打标）；③ 成品组装厂家——整机装配的流水线企业。

随着制造业的发展，CMF 设计越来越受到制造企业的重视。汽车和各类家用电器以及电子产品进入了人们的日常生活，各类产品（尤其是家电和电子产品）外观设计风格趋于扁平化、简单化、外观趋同，常规外观设计遇到瓶颈，品牌厂家在同类产品开发上面临很大的压力。与此同时，制造业材料与工艺的多元发展，提高了消费者对产品外观综合品质的要求，拓展了设计的更多空间，也为 CMF 设计和研究提供了更多机会。从手机设计的发展我们可以感觉到，CMF 设计在新的工业化大生产发展阶段将成为企业争夺市场提过竞争力的着力点。从产品的色彩、材料、工艺、纹理等方面全面提升产品的层次，优化产品的品质与竞争力，从消费者需求角度出发，使产品能够与用户在情感交流中赢得消费者，是 CMF 设计创新的价值所在！

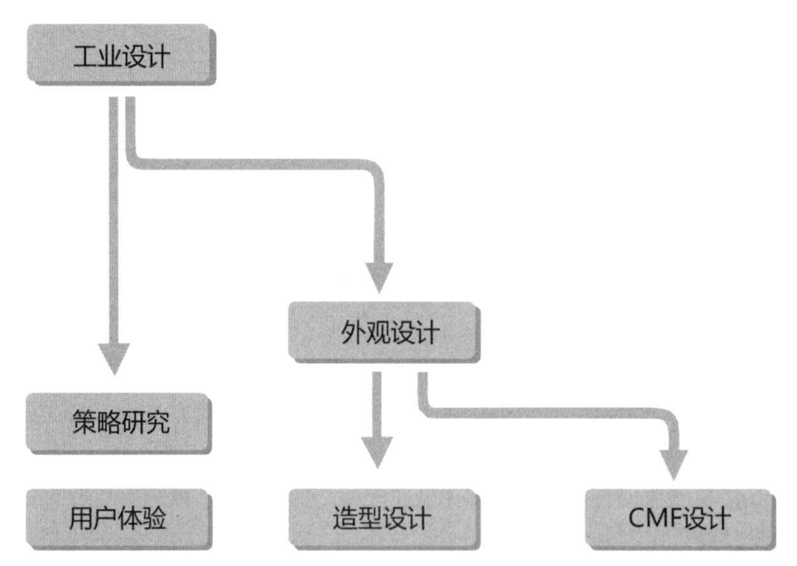

CMF 设计的周期因行业的不同差别比较大。汽车行业的 CMF 设计周期一般在 3 ~ 4 年，甚至更久；家电行业的 CMF 设计周期因品类和项目类型（全新研发或 CMF 延伸）不同，时间一般在 1 ~ 12 个月；手机行业一般在 6 ~ 12 个月；服装行业一般周期在半年（春夏、秋冬）。随着市场竞争日趋激烈，不同行业的 CMF 设计周期在不断压缩，由于 CMF 设计周期的变化以及 CMF 设计的重要性日益凸显，企业对 CMF 设计人才的需求也快速增加。

1.4　CMF 设计师的职责

CMF 设计师主要从事 CMF 设计方面的工作。CMF 设计属于整个产品设计体系中的细分模块，是以产品市场趋势为导向，从产品色彩、材料、工艺、纹理四个方面对产品外观进行升级再造，赋予产品新的寓意和情感，最终达到提高产品外观的市场竞争力的目标。CMF 设计师，的主要工作职责有以下几个方面：

（1）负责制定 CMF 设计策略，负责 CMF 创意方案的设计，并且对 CMF 创意方案进行对应工艺的转化。企业内部负责 CMF 工艺转化的设计师，还要与工业设计团队密切配合，制定相应的落地转化方案，从设计师的视角出发通过适合的工艺转化，把工业设计团队的创意实现工业量产。

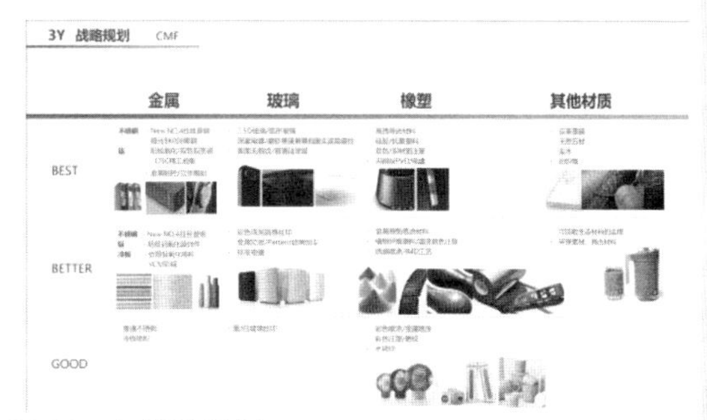

家电（厨电）产品的 CMF 三年设计规划

（2）从创新角度出发，发掘消费者（用户）需求，配合外观设计提供配色、纹理等设计方案，协助设计团队对所开发的产品工艺材料、色彩、纹理等方面给出细化方案及手板打样。

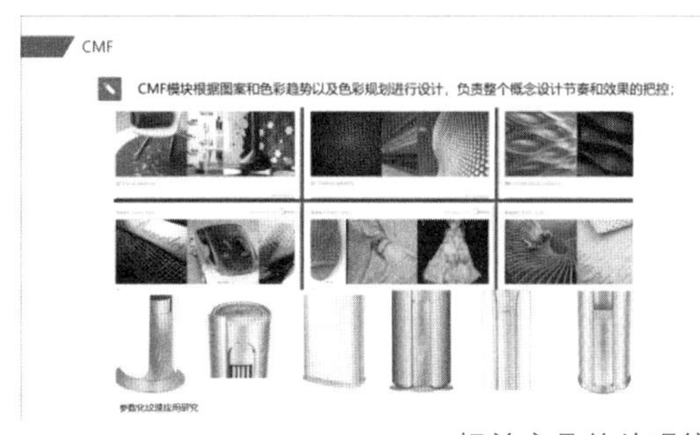

相关产品的外观纹理趋势研究及方案输出

（3）收集新材料、新工艺及色彩方面的资讯，负责对接采购部门并对新材料工艺进行考察，执行 CMF 导入计划。

（4）对常规的量产样件进行更新签样，对新开发产品进行首样签封。

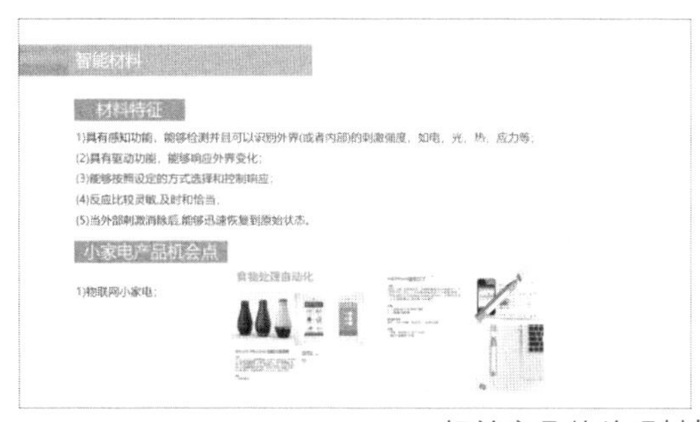

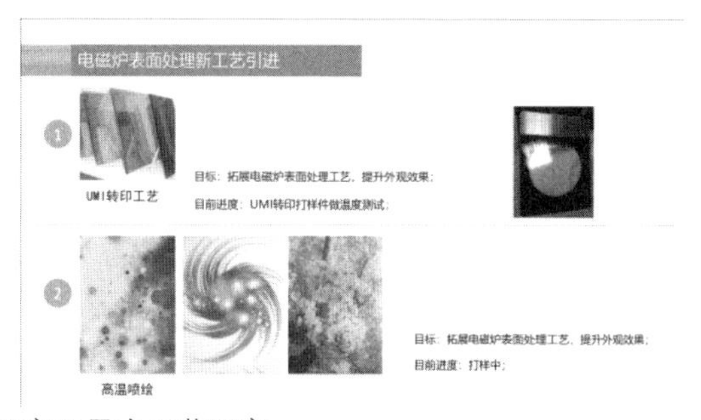

相关产品的外观材料研究及量产工艺研究

习　题

1. 如何看待 CMF 设计的应用价值?
2. CMF 设计师除了应具备基础设计技能，还应该有哪些方面的能力?
3. 如何描述 CMF 设计师对于企业的重要性?

02

CMF 色彩

2.1 CMF 色彩设计基础

2.1.1 色彩的基本构成要素

人的眼睛对色彩的感知是建立在视觉生理特征上的光学效应。外界的光刺激人眼的视网膜所引起的知觉被称为视觉，而彩色视觉便是彩色光对视网膜的刺激所引起的彩色知觉。我们能看到物体的颜色，一方面是外界光的刺激，另一方面取决于人眼里存在着一种对光线敏感的光敏细胞，这种光敏细胞按其形状的不同可分为杆状细胞和锥状细胞。

杆状细胞对射入眼的光强度很敏感，它具有分辨亮度差别的能力，但对颜色的分辨能力极差；而锥状细胞对亮度的灵敏度不高，但它却具有很强的分辨颜色的能力。光线较强时，人眼主要靠锥状细胞产生视觉感知，所以白天我们能够看到缤纷的彩色世界。而在夜间亮度较弱时人眼主要靠杆状细胞产生视觉感知，所以夜间我们看到的物体只是灰蒙蒙的影像，颜色感知极低。

人眼的锥状细胞根据对光谱感受性能的不同，可分为三种：对红光的感受性最灵敏的叫红色锥状细胞，对绿光的感受性最灵敏的叫绿色锥状细胞，对蓝光的感受性最灵敏的叫蓝色锥状细胞。三种细胞在不同光线的刺激下，分别产生不同程度的兴奋，便产生黑色视觉。在人类的长期的进化过程中，对红、绿、蓝三色光最敏感，所以人类的视觉世界中红、绿、蓝三色光成为了合成自然界所有颜色的三原色，也就是基础色。

另外，人的视网膜上有色彩暂留效应，对于小空间内不同的色彩在短时间内的变化很难及时分辨出来，这就产生了混色效应，彩色电视机、手机屏幕等电子产品的屏幕就是利用了这个原理，从而得到一个彩屏。

色彩有三要素，分别是色相、明度和纯度。

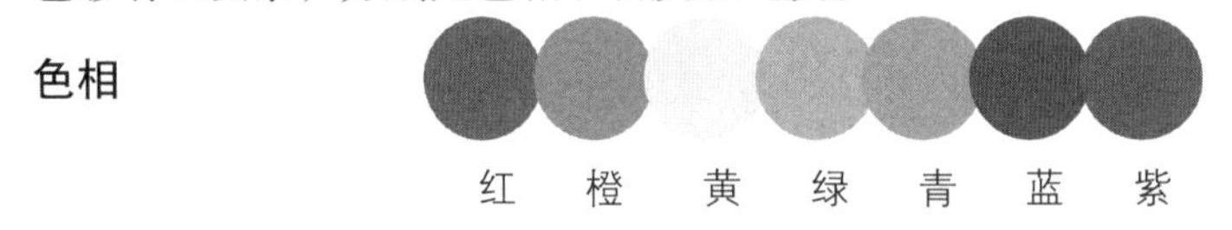

色相是指颜色区别于其他颜色的表面特征，如赤、橙、黄、绿、青、蓝、紫等对颜色的称呼。色相蓝色加入黄色就会变成绿色，黄色中加入绿色就会变成黄绿色。如果把相近的颜色排列起来就会形成一个色相环。

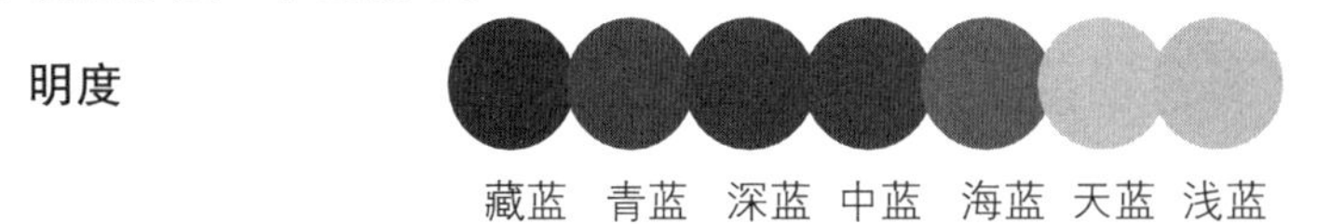

明度是指色彩的明亮程度。明度最高的颜色是白色，最低的是黑色。要提高色彩的明度，以颜料为例，就是要向这种颜色中添加白色颜料，深红色添加白色提高了明度，就变成粉色。所以，深红色的明度与粉色是不同的。明度也可以简单理解为颜色的亮度，不同的颜色具有不同的明度，例如天蓝色就比红色的明度高。在一个画面中如何安排不同明度的色块也可以帮助表达画作的感情，如果天空比地面明度低，就会产生压抑的感觉。任何色彩都存在明暗变化。另外在同一色相的明度中还存在深浅的变化。

纯度

纯度是指色彩所具有的鲜艳度或强度。纯度最高的颜色被称为纯色，颜色加入灰色以后，就会钝化。例如，深红色加入灰色就会变成类似栗子皮的颜色，就是栗色，所以深红色和栗色的纯度不同。高纯度色相加白或黑，可以提高或减弱其明度，但都会降低它们的纯度。如加入中性灰色，也会降低色相纯度。根据色环的色彩排列，相邻色相混合，纯度基本不变（如红黄相混合所得的橙色）。对比色相混合，最易降低纯度，以至成为灰暗色彩。色彩的纯度变化，可以产生丰富的强弱不同的色相，而且使色彩产生韵味与美感。

色相环是由研究物理的科学家发现的，目的是容易记录和用环形排列来更直观地呈现色彩之间的排列关系。CMF 设计师，必须掌握色彩搭配的基本规律，在实际设计实践中，自由地进行色彩搭配，因此认识色相环十分必要。色相环是色彩搭配的规律性的直观体现，认识色相环是掌握色彩搭配的主要方法和手段。CMF 设计师可以通过动手“自制”色相环来加深认识和掌握色彩规律。

色相环比较直观地体现了色彩之间的关系，类似于光谱的“红、橙、黄、绿、青、蓝、紫”的排列关系，相邻的色彩之间彼此“相似”，对应位置的色彩彼此“互补”，色相环的色彩数量和位置排列，根据不同的使用需求，可以做调整，这样就产生了不同版本的色相环。

设计实践应用中，色相搭配有几种常用方法：相同色搭配（明度不同）、相邻色搭配、对比色搭配、互补色搭配等。每种色彩根据明暗度，可以排列出从亮到暗的规律，明度最高的是白色，最低的是黑色，彩色当中明度最高的为黄色最低为紫色色彩明度的高低，可以表达不同的视觉感受，例如：表达轻快、淡雅的感觉一般用高明度的色彩，表达厚重、沉稳的感觉用低明度的色彩。不同色相的色彩用统一的明度，排列在一起也能达到和谐统一的效果。

色彩的纯度，顾名思义就是色彩本身掺杂灰色的比例高低。色彩理论中，纯度高意味着色调“浓艳”，纯度低意味着色调“灰暗”，纯度越高的颜色给人的感觉越“刺激”，纯度越低感觉越“压抑”。设计实践当中用低纯度的色彩做主色调，通常表达一种安宁、沉稳、灰暗的感觉。

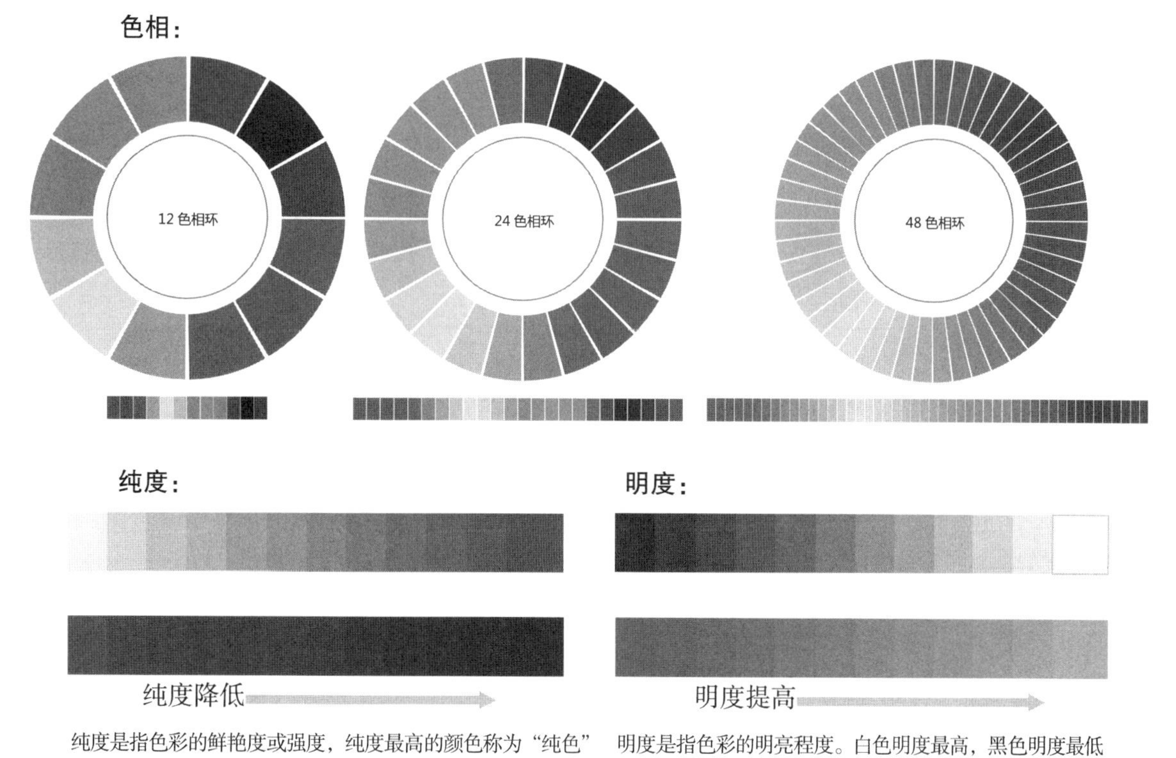

纯度是指色彩的鲜艳度或强度，纯度最高的颜色称为“纯色”　明度是指色彩的明亮程度。白色明度最高，黑色明度最低

2.1.2 加法混色与减法混色

把不同的颜色混合起来，会形成另外的颜色，这就是所谓的混色。一般使用三种颜色进行混合。混色法根据颜色混合后是变亮还是变暗分为两种，即加法混色和减法混色。

加法混色

颜色越混合越亮的叫加法混色。加法三原色为红色、绿色、蓝色。加法混色取红色（RED）绿色（GREEN）、蓝色（BLUE）三色英语单词的首个字母可以缩写为 RGB。加法混色也称为光的三原色。电视和电脑屏幕显示就是应用了加法混色这一原理来工作的；电视或电脑显示器中有三色发光体，通过混色后能够显示出各种颜色。

减法混色

颜色越混合越暗的混色法叫减法混色。减法三原色为蓝绿色、紫红色、黄色。减法混色取蓝绿色（CYAN）、紫红色（MAGENTA）和黄色（YELLOW）三色英文字母的首个字母缩写为 CMY。减法混色也被称为“染料三原色”，彩色打印机就是应用了这种混色原理。在印刷领域中，还要在减法三原色基础上加上黑色（K），一般用 CMYK 表示。减法三原色混合后就变成黑色，但是在印刷领域，由于墨和纸张的问题，很难印出很漂亮的黑色，而且混色形成的黑色成本比较高，所以一般从其他途径获得黑色。

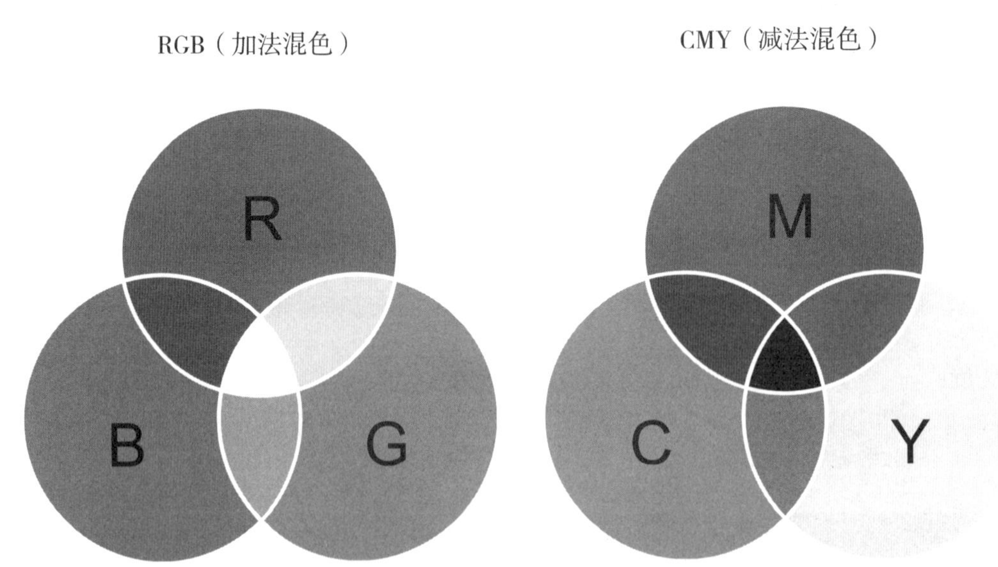

RGB（加法混色）：颜色越混合越亮。因此如果将加法三原色混合在一起的话，就形成白色

CMY（减法混色）：颜色越混合越暗，因此如果将减法三原色混合在一起的话，就形成黑色，在印刷领域在减法三原色基础上还要加上黑色（K）用 CMYK 表示

2.1.3 色调与冷暖

谈到色调时我们常常用“浅色调”和“明快的色调”等用语。那么，这里所说的“色调”到底是什么？其实，色调是表示色彩的明、暗、浓、淡、深、浅等颜色状态，这是将颜色的明度和纯度结合起来表示的方法。例如，“亮绿”这一种表达方式，其中包含了“明度的亮”，也包含了“纯度的鲜艳”。因此。即使是不同的色相，只要同一个色调，就可以给人同样的感觉。比如，“亮色调”就可以给人明快、活泼的印象，而“暗色调”则让人感觉成熟、稳重。色彩通过人的视觉感官，进而产生心理反应，这种反应显示出色彩的感染力。

CMF 设计中，色调的概念应用十分广泛，一款产品的外观配色既要考虑到使用者的心理感受，还要考虑产品本身与周围环境色彩的协调性。

CMF 色彩设计中，色彩的冷暖需要根据产品本身的市场定位和目标消费人群的色彩喜好来进行产品色彩搭配的设计。比如空调、冰箱这类体积比较大的家电，目前的设计趋势是大型家电的“设备化”融入家居环境，空调冰箱外观 CMF 趋势为融入家居整体色调当中，不再根据产品本身的功能“属性”来做配色。

具有代表性的色调：

鲜艳的颜色纯度最高，最鲜艳的色调

亮色调（B）：

关键词：明快、活泼

强烈色调（S）：

关键词：热情、有深度

浅色调（L）：

关键词：清爽、轻松、明快

浊色调（DI）

关键词：厚重、成熟

淡色调（P）：

关键词：轻、淡、浅、温柔

暗色调（DK）

关键词：成熟、稳重

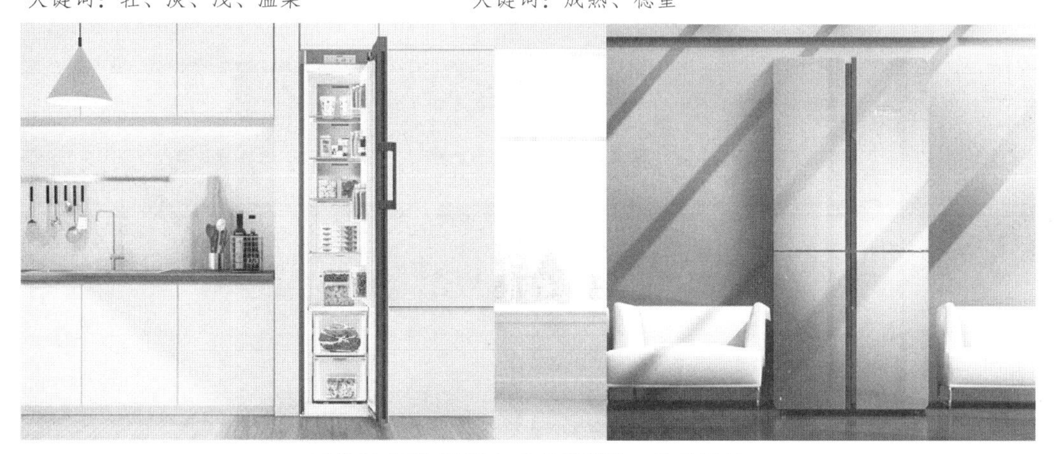

冰箱的外观 CMF 与家居环境的一体化设计

色彩给人的心理感受上有“冷暖”之分，这是颜色给人最基础的一种心理作用。红色、橙色、粉色等就是“暖色”，可以使人联想到火焰和太阳等事物，让人感觉温暖。与此相对，蓝色、绿色、蓝绿色等被称为“冷色”，这些颜色让人联想到水和冰。色彩的冷暖特性经常被应用在日常设计之中。夏季炎热，电风扇必不可少，电风扇的颜色大多为白色，极少数电扇是红色、橙色。虽然吹出的风是一样的，但红色电扇更容易让人产生热的感觉。色彩的冷暖与明度、纯度也有关系，高明度的色彩一般有暖的感觉，低明度的颜色有冷的感觉；在黑白灰的无彩系列里面，白色有冷感，黑色有暖感，灰色属于中性。

色彩的冷暖是互相依存的两个方面，互相联系，互为衬托，并且主要通过他们之间的互相映衬对比体现出来。一般而言，暖色调使得物体受光部分色彩变暖，背光部分则相对呈现冷光倾向；冷色调正好与其相反。

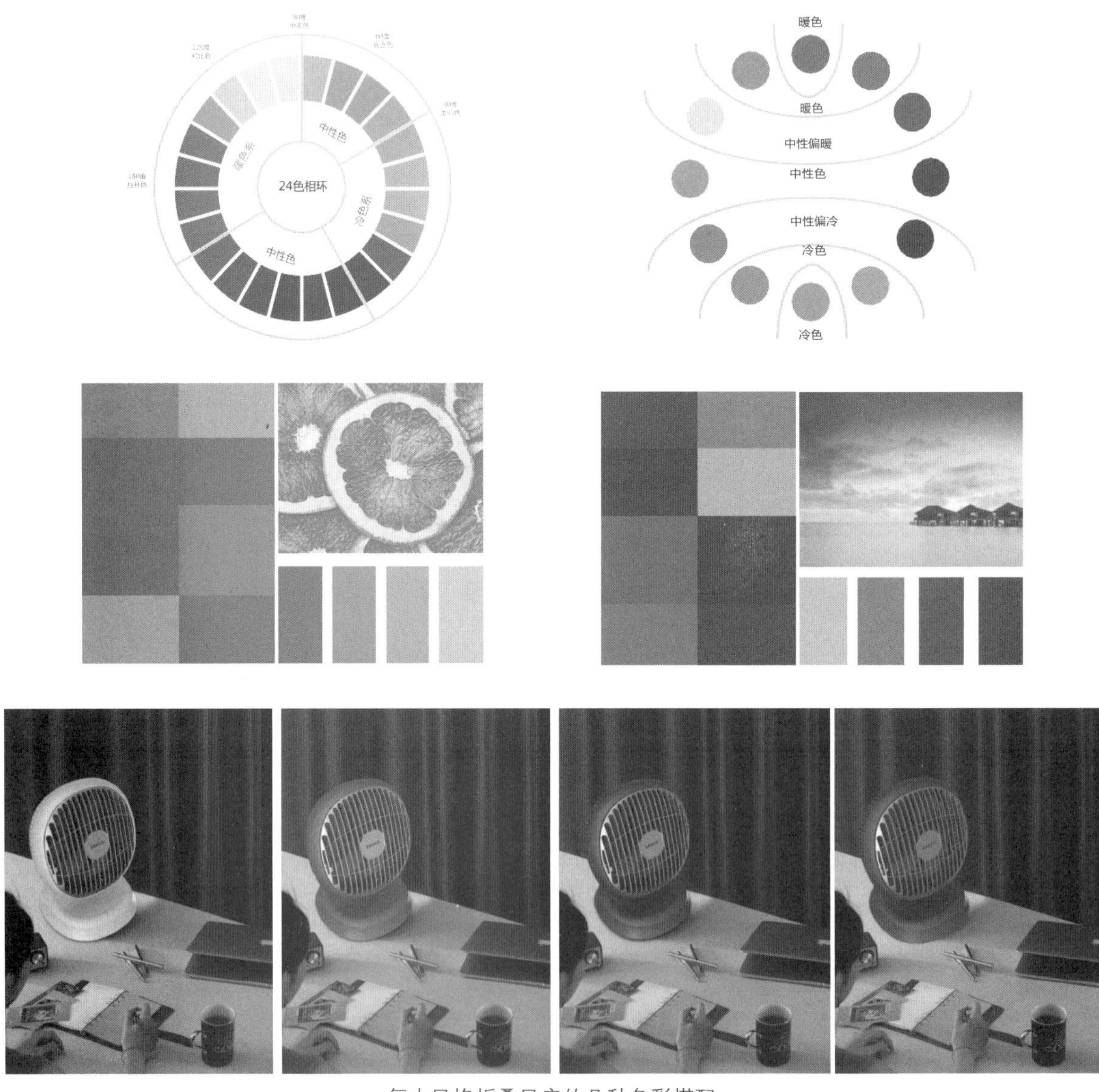

复古风格折叠风扇的几种色彩搭配

2.1.4 色彩明度与分量

色彩明度，又称色彩的亮度。色彩明度是色彩的三要素（色相、明度和纯度）之一。不同颜色会有明暗的差异，相同颜色也有明暗深浅的变化。

每种色彩有各自的明度，明度最高的是白色，最低的是黑色，彩色当中，明度最高的是黄色，最低的是紫色。色彩的明度对比所产生的“明暗”对比，是所有色彩的共同属性。明度会影响色彩的层次和空间感，对产品外观配色的清晰明快起着关键作用。色彩的分量感一般由明度决定，高明度感觉较轻，低明度较重，白色物体轻飘，黑色物体沉重。低明度基调的配色具有分量感，高明度基调的配色比较轻，白色和暖黄色给人的感觉是“轻柔”，黑色和古铜色常常给人沉重的感觉，这就是色彩的“分量感”。闪亮鲜艳的色彩使人感到华丽，灰暗陈旧的色彩使人感觉质朴，这就是色彩的华丽感和质朴感。

在系列化产品的 CMF 设计中会应用到“明度一致”的手法，将不同色相、不同纯度的色彩组合在一起，统一协调起来，看起来每种色彩的重量都是均等的，不会出现明显的强弱对比。

比较两组颜色的分量

相同明度、不同色相产生系列化的感觉

不同配色赋予产品不同的分量感

2.2 CMF 色彩体系

日常生活中看到颜色是多层次的,比如绿色,有远山的绿、草原的绿、深绿、浅绿、翠绿等等。这些虽然都是绿色，但实际上却分很多种，即使同一种绿色不同的人描述也会存在个人感受的差异。

因此，有必要对色彩进行系统的表示，建立统一的色彩体系。建立色彩体系属于色彩学的领域，我们一般使用的色彩体系叫“蒙塞尔色彩体系”。该色彩体系由美国画家、美术教师阿尔伯特 · 蒙塞尔于 1900 年左右确立。在该色彩体系中，使用一种叫“蒙塞尔值”的色数值表示颜色，该色彩体系将颜色的明度、纯度、色相数值化，它利用一个类似三维球体的空间模型，把色彩的三属性全部表现了出来。色彩三属性是色相、纯度以及明度。蒙塞尔色彩体系是以三属性为基础，并结合颜色的视觉特性来创造色彩分类和标定事物表面色的一个方法。

例如：5 G 6 / 8 表示这个颜色的主色调为绿色，“6”表示明度，明度从 0 到 10 不等，“8”表示纯度，纯度值越大表示这个颜色纯度越高。

蒙塞尔色彩体系的创立有非常重要的意义，因为之后的色彩体系都是在它的基础之上再次进一步地完善，无论是什么样的色彩都可以用该色立体模型上的色调、明度和纯度这三项坐标来标定。

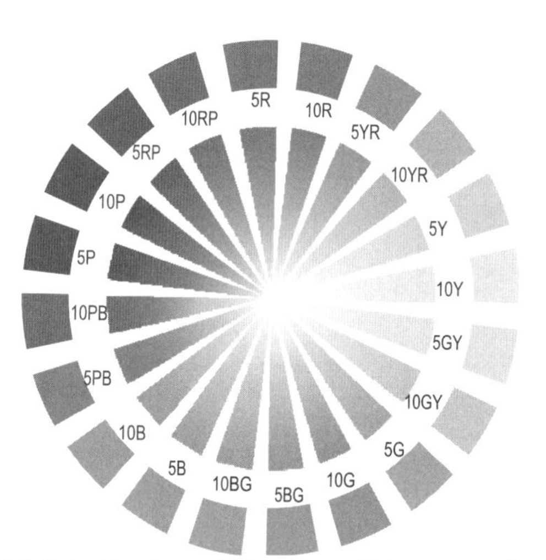

蒙塞尔色彩环由 R（红色）、Y（黄色）G（绿色）B（蓝色）、P（紫色）以及中间色 YR、GY、BG、PB、RP 共 10 种色相组成，各个色相又按纵向排列分为 10 种由 1 ~ 10 的数字表示

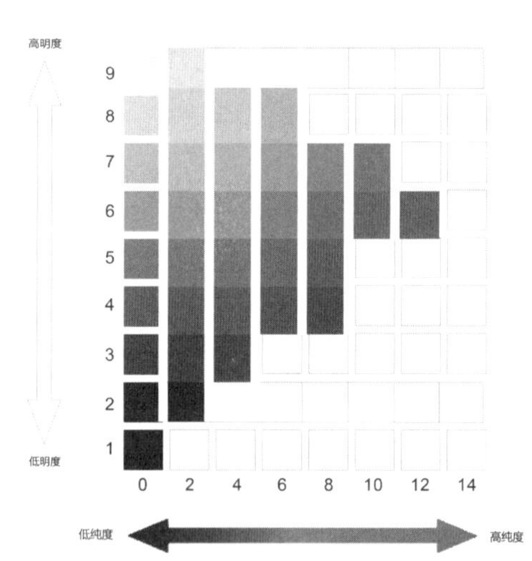

横轴表示纯度，纵轴表示明度，纯度越接近 0 越低明度越接近 0 越低。

2.3 CMF 色彩设计

2.3.1 CMF 色彩设计概述

配色是工业产品设计中的重要一环，当产品造型、材质和工艺的选择非常合理的时候，配色是关键一步，一旦配色出现瑕疵，整个设计工作就会白费。好的配色不仅能很好地表现产品的特征，还给人以良好的视觉享受，让人一看到就会由衷地喜欢这个产品。

几乎所有的日用品都需要设计，这些产品除了应具备完善的功能、美观的造型、合理的材质搭配，更离不开恰当的色彩搭配。产品外观色彩除了便于区分和辨认的功能以外，更主要的是配合外观造型的特征给使用产品的人带来赏心悦目的感受，使其产生愉悦的联想，使用产品成为一种享受。因此，只有好的产品造型而没有与之相匹配的色彩搭配，不能算是一个成功的产品设计，只有色彩与造型协调，色彩与材质搭配符合产品设计的整体要求，又符合消费者的审美情趣，才是优秀的产品设计。

产品色彩除了增加产品的外观美感，吸引消费者的情趣和购买欲望，还起着功能作用。例如家用电器、电子产品的控制面板，就可以依靠色彩来增加识别性，使用者可以通过色彩辨识和记忆某个功能键来进行便捷的操作。

产品色彩的配色首先考虑使用对象、时间、地点、用途和方法等的不同，同时也要考虑与周围环境色彩的协调性。一般情况，体积大的产品适合用明度高的中性色，少用鲜艳颜色。例如：冰箱、洗衣机等可以用白色等高明度颜色，显得整洁、清爽。体积小的产品色彩限制较小，但多用高纯度的色彩。整体色宜用淡雅的中性色，使用暗色时，应配以明亮的色彩作为局部部件的色彩效果较好。例如：电动牙刷、肥皂盒、电吹风，如果用鲜艳的颜色可以增加活泼感，容易被发现。旅行用品色彩应该轻松活泼，文教用品多用大方、稳重、明朗的色彩。

在选择色调的时候，一般遵循以下原则：①用暖色有温和的效果，冷色给人感觉是冷清的；②高纯度的暖色调使人感觉刺激兴奋，低纯度的冷色为主调可以让人产生平静感；③明度高的色调给人明快的感觉，低明度给人深沉庄重的感觉。

综上所述，色彩在产品设计中起着统一全局的作用，因此，在产品设计过程中，必须充分考虑色彩的应用与搭配，适当的色彩搭配可以达到画龙点睛的效果。

色彩的对比与协调是构成色彩设计理念的核心，色彩搭配的基本方法有色相对比、纯度对比、明度对比等。色彩作为CMF设计的核心，能够直接表达设计师的设计理念，能够细分产品的市场定位，能唤起消费者的情感共鸣。产品设计中的CMF色彩搭配，既要考虑目标消费者的年龄和生活习惯等对产品配色进行调整，还要结合色彩本身的明度和纯度关系，对产品进行个性化的调整。

CMF色彩搭配通常遵循统一原则、均衡原则。只要能将单色配色、双色配色和三色配色做好，掌握其中的色彩技巧和规律，四色、五色等更多的色彩配色也能够轻松驾驭，因为它的基本原理是不变的。

（1）单色配色并不是狭义上的只使用一种颜色，而是广义上的单色，使用起来比较简单，并且很容易产生和谐的配色效果。最明显、最直接的单色配色表现形式之一就是一个有彩色加上黑、白、灰。可能有的人会想，这怎么能算单色啊，明明好几种颜色呢？其实当有彩色作为背景的时候，多数情况下上方的文字色都是无彩色，这种情况的无彩色可以忽略不计，不算作颜色。

（2）双色配色与三色或者多色彩搭配也是遵循明度同系列（统一原则）、纯度同级别（均衡原则）、色相对比或均衡原则。实际应用中，需要设计师根据不同的产品类别、材质效果灵活应用。

单色配色　　　　单色配色

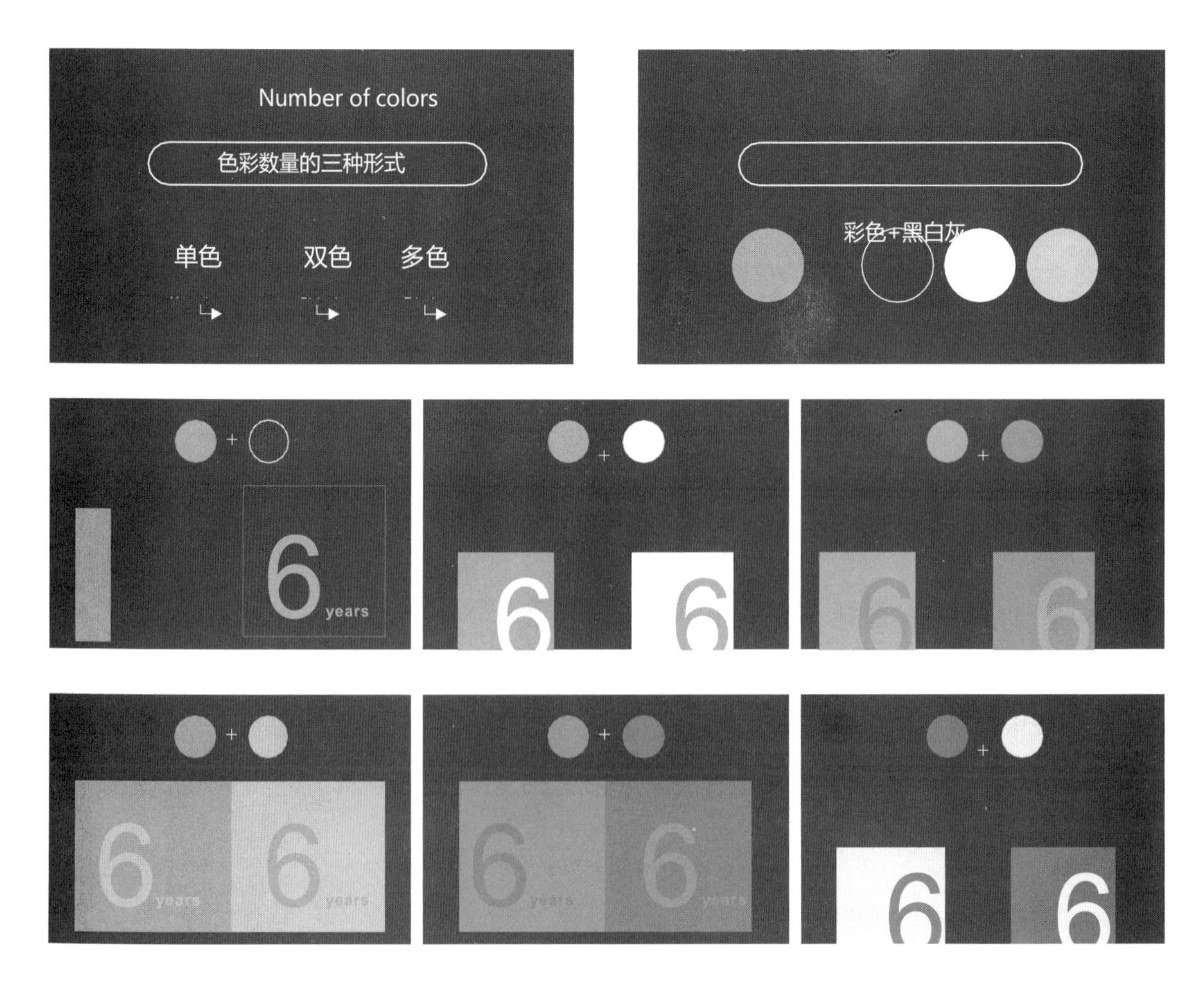

每一种绿色都代表着不一样的语言，不一样的情感色彩，譬如：

PANTONE：湖绿色

浅淡的湖绿色，干净素雅，既不会过于低沉，又不会过于跳脱，端庄温婉。

PANTONE：草木绿

一种具生命力、令人愉悦的颜色，也象征着个人对热情和活力的追求，是新生的象征。

PANTONE：镉绿色

镉绿色自带成熟稳重的气质，色彩浓郁深沉，又有着难以诉说的庄严华丽。

PANTONE：暗哑绿

暗哑的绿色，仿佛蒙上了一层暧昧不明的纱，看似嚣张难以搭配，却能给人以安全感。

2.3.2 CMF 色彩趋势研究

色彩作为产品的重要外观属性之一，其对视觉感官的刺激和满足已经成为工业产品取得市场占有率的重要因素。同样功能的产品其色彩设计的成功与否，直接关系到其市场价值的高低。比如竞争激烈的汽车行业，在功能及配置相同的前提下，个性化的色彩搭配和艺术化处理，使得整车体具有舒适、宽敞、个性的视觉效果，就赢得了对应的消费者的认同。数码产品、医疗产品、家具等日常生活用品的色彩的设计与搭配也是当今工业设计的主流。手机的色彩更加多样化,同时将用户年龄和色彩喜好更加细分,从而满足更多消费者的个性化需求。CMF 色彩设计在工业设计中，能增强产品形象在视觉上的感染力，色彩在产品外观设计中能帮助传达产品本身的功能定义。

色彩趋势研究目的是掌握色彩流行趋势，为设计服务。如何来捕捉重要的色彩流行趋势，如何界定正确的流行色呢？流行趋势研究重点是确定趋势的变化。我们的产品是卖给谁的？这些人在什么样的地方、什么样的场景下使用我们的产品？来做什么？知道这些我们才能更好地判断色彩流行趋势。

趋势可以分为几大类。首先是社会趋势。它相对时间比较久，比如 2010 ~ 2020 年人口老龄化的问题、环保的问题,再比如说我们关心的房价等。我们为什么要关心这种社会趋势呢？因为社会趋势是从政治、文化、经济等大的、宏观层面的一个考量，影响力是非常大的，能影响到每个人的情绪感受，这种情绪感受反应到我们对待所接触到产品的态度，我们心理的接受程度。其次是消费生活方式的变化。“80 后”“90 后”“00 后”这三代人的生活方式肯定是不一样的。比如说“80 后”可能 20 多岁才学会网上购物，“90 后”“00 后”则要早些。所处的环境不同，导致思维能力、生活模式不同，包括对事物的态度也是不同。再次是文化 / 市场变化。这个持续时间一般不是很长，主要是概念或者某种生活用品突然受到关注。最后是审美趋势。比如：都是国潮的概念表达（传统文化的现代表达）可能设计手法是不一样的，所带来产品风格感受也是不一样的。

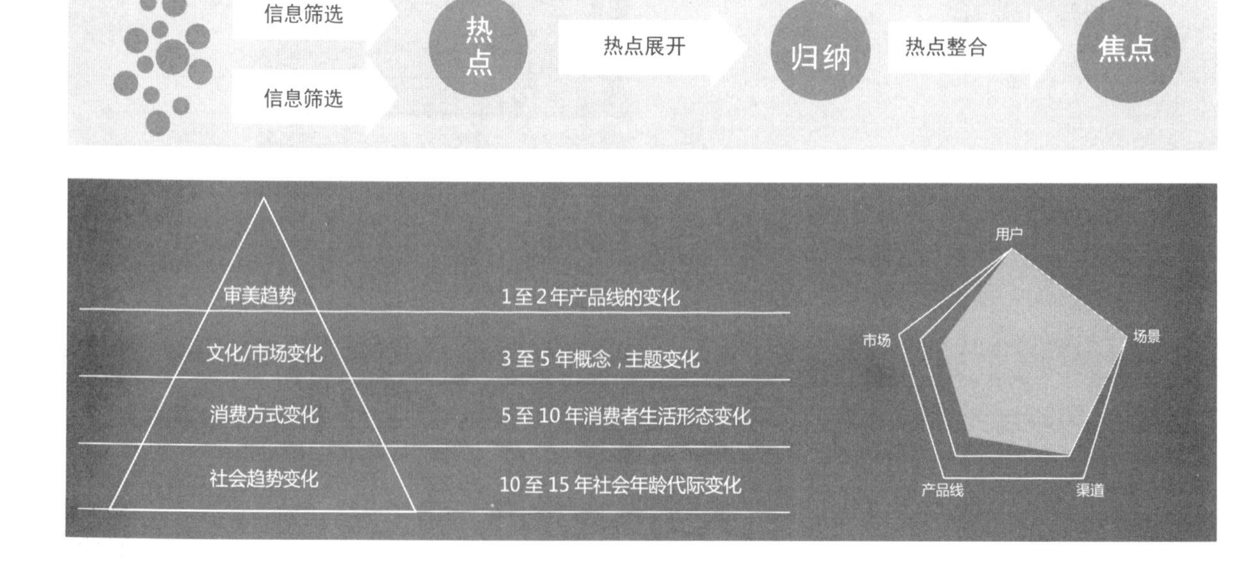

色彩研究让数据说话，CMF 色彩趋势研究的资料收集包含社会、行业、产品三个维度，从宏观大的趋势到微观的所属行业产品资料收集。首先确定色彩趋势研究的目标对象，通常从行业领导品牌入手，因为大品牌从研发生产到前瞻性的产品规划，都在引领国际时尚产业和流行趋势大方向，而且一般每个行业的领导品牌或者行业排名靠前（一般以销售量为参考）的品牌，在研发环节本身就有专业的设计团队来对产品外观做设计规划，其中就包含了 CMF 相关的内容。那作为设计师，从旁观者角度来做色彩趋势研究，需要根据收集到的资料信息结合企业的规划产品进行分析研究总结色彩流行趋势落点，分为几个步骤：

（1）在海量的信息中，筛选重点信息，去掉不相关的、过时的、重复的信息。

（2）热点信息展开，需要团队合作，成员利用热点信息独立思考，应用思维导图对热点信息展开推演分析，单独记录并汇总。

（3）对热点信息的汇总结果进行分类归纳整理，最后提出趋势焦点并对焦点进行讨论。

（4）通过实地考察，参与行业展会、研发企业、设计机构、专业卖场、走访行业专家等形式获得信息资料，完成趋势预测研究的方法。

为了让更多的人能够轻松地、准确地理解研究得到的色彩趋势结论，趋势主题通常以视觉化方式呈现，常用中性色、暖色调、冷色调来归分，并且用多种方式视觉化地呈现，来诠释每一个色彩主题和每一个流行色的独特的内涵和个性特征。

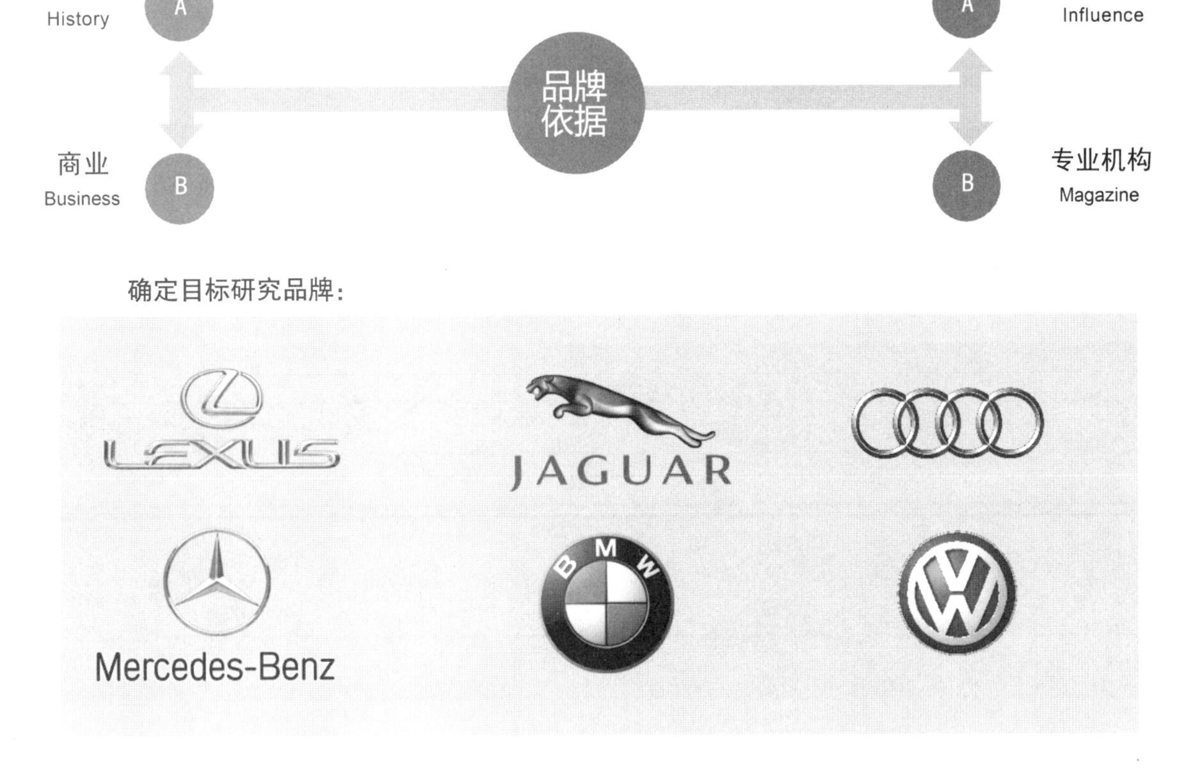

素材整理：完成前面两个大的步骤的基础上，根据归纳整合出的趋势焦点资料，结合所在行业的产品进行进一步提炼，从而提出色彩趋势方向，并用图片、视频等对趋势主题进行说明。

色彩提取：从统计得出的数据中可以看到，哪些颜色在同类型的产品上是应用比例较高的色系，不同的产品定位和价格区间要跟色系对应起来，这样有助于后期的数据分析。

数据分析：将不同色系对应的产品型号、数量、价格定位、等信息，进行图表或者表格统计，比较直观地看出某个品牌或者某种功能系列、某个价格段的产品，对于外观色彩的应用情况。再根据同类产品行业的过去两三年的外观色彩应用情况，结合行业相关技术发展情况，比如汽车生产所属的表面喷涂和内饰材质生产行业的发展状况，得出未来两到三年的色彩应用趋势预测。

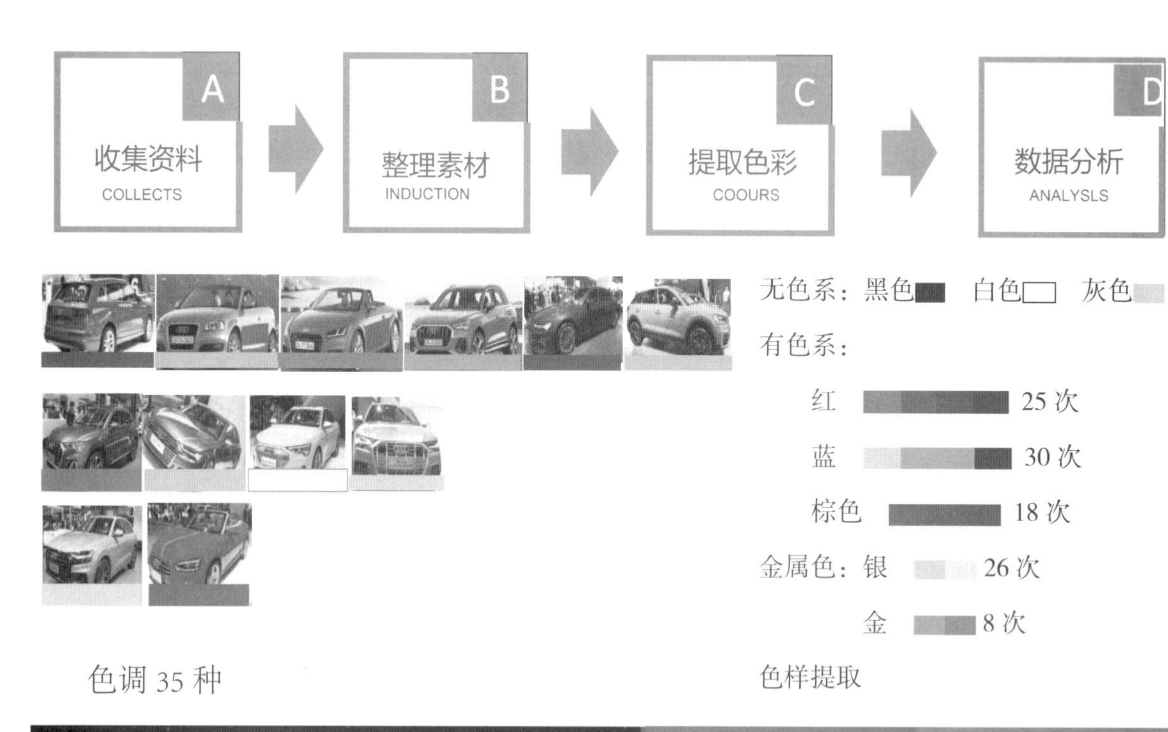

2.3.3 CMF 色彩设计案例

产品外观 CMF 色彩搭配需要考虑的几个因素：（1）产品类别，根据产品本身的功能和使用环境来进行色彩搭配的设计。例如下图案例展示的是厨电产品煎烤盘的配色方案。（2）参考行业同类产品的色彩流行趋势。（3）行业知名品牌对应的销量比较高的产品外观配色。（4）考虑“品牌辨识度”，是指在产品品牌从市场营销层面考虑，追求品牌形象在消费者印象中形成某种固定形象，色彩统一既可加强企业的辨识度，也可坚固企业对外的形象。通过颜色带给人的感官情感建立品牌识别度。例如星巴克、蒂芙尼、宜家等，因为独特的色彩或渐变色使消费者关注产品本身，又如苹果手机的“土豪金”、华为 mate 30 pro 的丹霞橙。

CMF 设计案例——厨电产品外观 CMF 配色：

（1）色彩研究：研究对标行业领导品牌的产品外观配色特点。扩大范围，研究厨电产品的外观色彩流行趋势；根据产品本身的市场定位和消费人群，研究使用者的色彩喜好。

（2）色彩方案设计：不同风格的配色方案对应工艺所需色号信息。

（3）色彩实践：色彩落地可工艺可实现方案提交。

（4）色彩管理：将最终确定的色彩标准化信息建档管理。

CMF 色彩设计流程

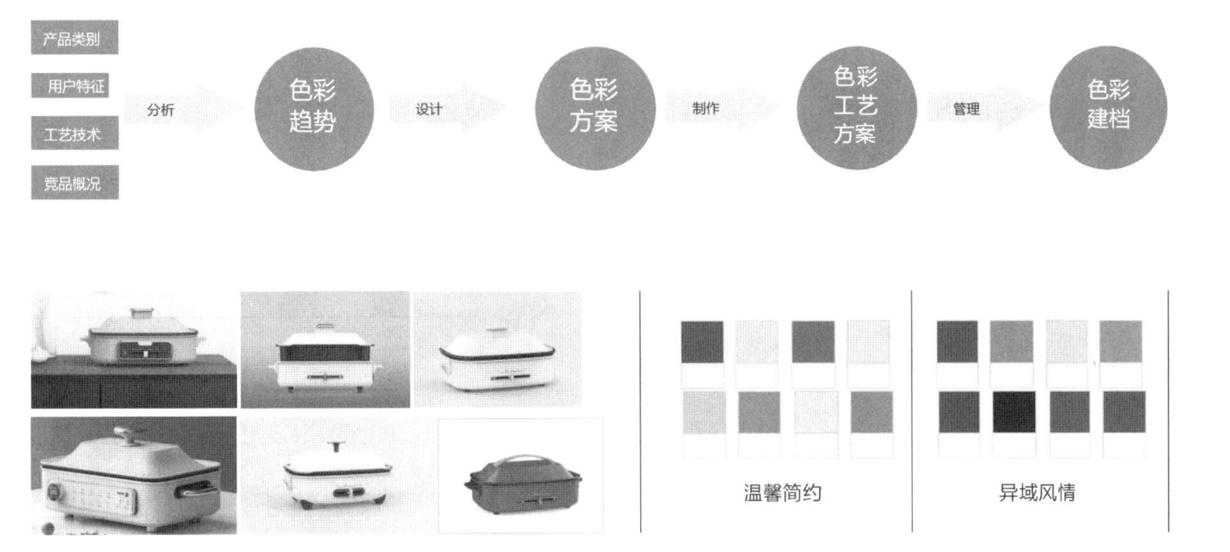

整理素材：根据收集到的同类产品的图片资料，进行色彩风格提炼，根据归纳整合出的趋势焦点资料，结合所在行业的产品进行进一步提炼“风格关键词”，从而提出色彩趋势方向，并用图片、视频等对趋势主题进行说明细化，案例所列产品本身的目标消费市场是外销为主，所配色风格考虑外销市场的色彩喜好。

根据产品前期的色彩趋势研究结论，结合产品目标市场定位，初步构思满足趋势风格、生产成本、工艺可行性、生产周期等一系列条件的比较可行的 CMF 方案。接下来设计师对所提交的配色方案，从不同维度（目标用户、品牌特点、销售区域、渠道特征、竞品分析、工艺材料趋势特点等）进行一次设计思路的阐述提案，也是一次综合评审。接下来对选择的方案进行工艺及成本等因素的可行性的细化（有可能重新调整设计思路补充或拓展方案）。第三步输出可以打样或制作手板模型的工艺文件。手板厂或者生产厂家根据打样文件，按照设计要求，进行手板制作或者生产线打样，将设计师的设计初衷、期望外观效果（色彩、纹理、特殊效果）模拟呈现在手板样件上。

手板实物最终还需要进行一次项目涉及部门（营销、研发、企划等）人员参与的评审，对手板样件从用户细分、销售区域、销售平台、品牌诉求等等维度进行匹配核准，研发企划根据市场变化，对工艺材料成本等方面进行调整。评审结论作为输出最终生产工艺图纸、试产签样、确认最终批量生产样件的依据。

企业内部的 CMF 设计师，最后要将完成以上流程的项目资料进行归档以便查询，对外观封样件进行标准化管理，定期更新。

配色方案输出：包括配色方案渲染输出效果图，对应潘通（PANTONE）色卡或者劳尔色卡标注色号。

习　题

1. 趋势报告如何解读？怎样应用到产品设计当中？
2. 如何看待流行色？用什么方法来分析流行色？
3. 如何把流行元素或者颜色转化成通俗的理论概念？

03

CMF 材料

3.1 高分子材料
3.2 金属材料
3.3 玻璃材料

3.1 高分子材料

3.1.1 高分子材料概述

广义的高分子材料是指具有较高的强度、良好的塑性、较强的耐腐蚀性能、很好的绝缘性和质量轻等优良性能，在工程上发展最快的一类新型结构材料。高分子材料一般分天然和人工合成两大类。天然高分子材料有蚕丝、羊毛、纤维素和橡胶以及存在于生物组织中的淀粉和蛋白质等。工程上的高分子材料主要是人工合成的各种有机材料，通常根据机械性能和使用状态将其分为塑料、橡胶和合成纤维三大类。人工合成的高分子材料，就是把低分子材料（单体）聚合起来所形成的。其聚合过程称为聚合反应。最常用的聚合反应有加成聚合反应（简称加聚反应）和缩合聚合反应（简称缩聚反应）两种。聚合后材料的分子量多数在 5 000 ~ 1 000 000。一般把分子量大于 5 000 的定为高分子材料。

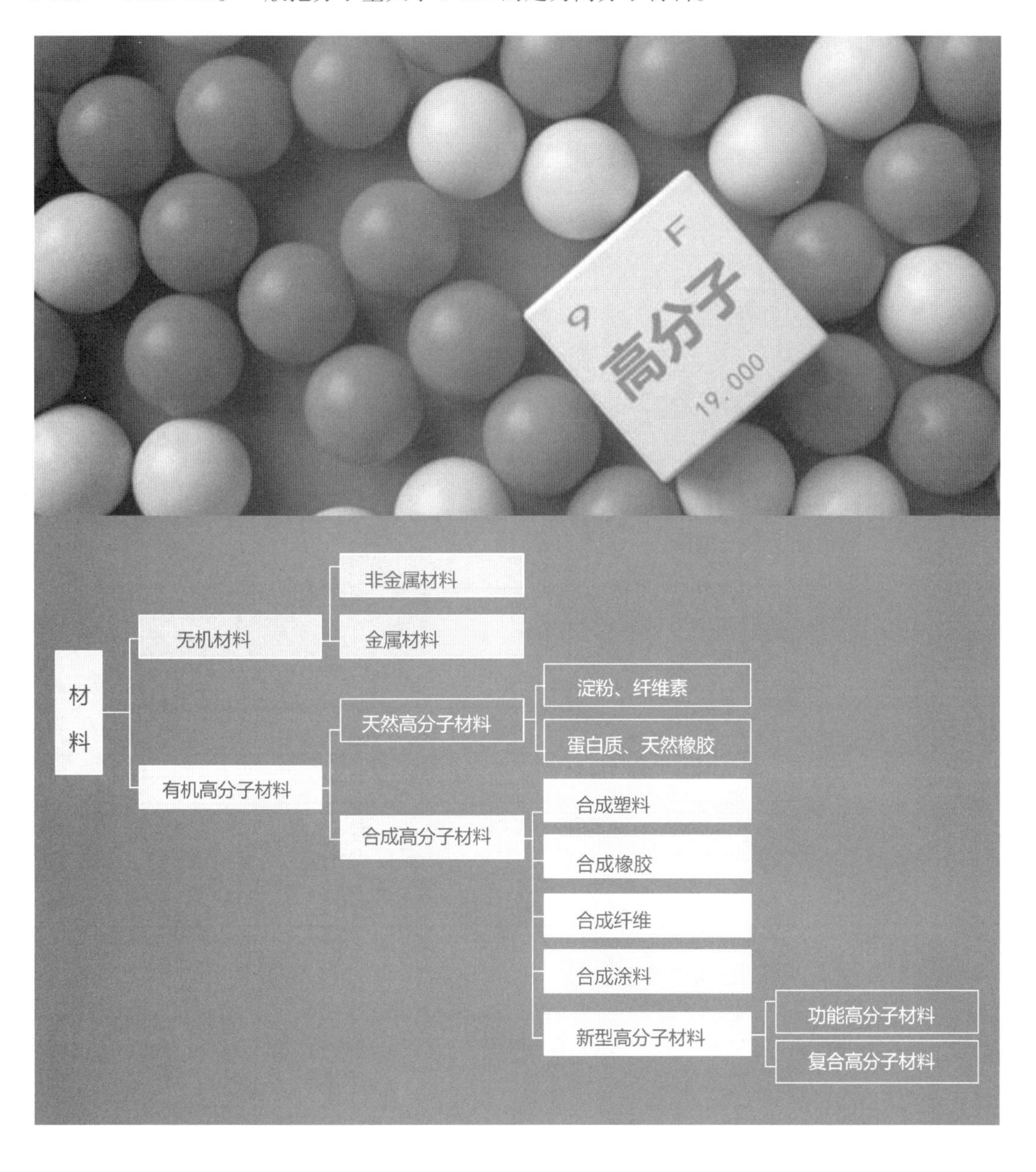

3.1.2 塑料

塑料的真正定义并不是对一种特定材料的描述，而是对一种材料的作用进行描述。塑料是指具有塑性行为的材料。所谓塑性是指受外力作用时，发生形变，外力取消后，仍能保持受力时的状态。塑料通常由树脂和辅助添加剂组成，树脂约占塑料总质量的 40% ~ 100%。塑料的基本性能主要决定于树脂的本性，名称也多由其原料树脂的名称来命名。添加剂起着改变性能缺陷的重要作用。

1. ABS（丙烯腈 - 丁二烯 - 苯乙烯）
2. PMMA（聚甲基丙烯酸甲酯）
3. PC（聚碳酸酯）
4. PE（聚乙烯）
5. LDPE（低密度聚乙烯）
6. PF（酚醛树脂）
7. PS（聚苯乙烯）
8. PU（聚氨酯）
9. PP（聚丙烯）
10. PVC（聚氯乙烯）
11. CA（乙酸纤维素）
12. HIPS（高抗冲聚苯乙烯）
13. PA（聚酰胺）
14. PET（聚乙烯对苯二酸酯）

1. ABS（丙烯腈 - 苯乙烯 - 丁二烯共聚物）

ABS（丙烯腈 - 丁二烯 - 苯乙烯共聚物）是 Acrylonitrile Butadiene Styrene 的首字母缩写，是指以树脂为主要成分，以增塑剂、填充剂、润滑剂、着色剂等添加剂为辅助成分，在加工过程中能流动成型的材料，也可以说是以树脂为主要原料而具有可塑性的材料及其制品。

产　　品：乐高积木

材料特性：成本低，有良好的抗氧化性能，表面硬度高结构稳定性好，抗压性高

工　　艺：注塑

2. PMMA（聚甲基丙烯酸甲酯）

PMMA（聚甲基丙烯酸甲酯），又叫亚克力或有机玻璃，是一种开发较早的重要可塑性高分子材料，具有较好的透明性、化学稳定性和耐候性，易染色，易加工，外观优美，在建筑业中有着广泛的应用。有机玻璃产品通常可以分为浇注板、挤出板和模塑料。

产　　品：布兰奇小姐椅（由仓俣史朗 1988 年设计）

材料特性：具有较好的透明性、化学稳定性、力学性能和耐候性，易染色，易加工，外观优美等优点，可分管形材、棒形材、板形材三种

工　　艺：挤出

3. PC（聚碳酸酯）

PC（聚碳酸酯），英文名称为 Polycarbonate，是一种无色透明的无定性热塑性材料。聚碳酸酯是分子链中含有碳酸酯基的高分子聚合物，根据酯基的结构可分为脂肪族、芳香族、脂肪族－芳香族等多种类型。其中由于脂肪族和脂肪族－芳香族聚碳酸酯的机械性能较低，从而限制了其在工程塑料方面的应用。

产　　品：暖气装饰罩

材料特性：抗压性好、清晰度高、阻燃、无毒，可做成透明或半透明效果

典型应用：手机壳、眼镜、厨房容器

4. PE（聚乙烯）

在日常生活中，餐盒是使用频率很高的居家用品，人们在选择餐盒时，一般都会选择光滑的、柔软的、密封性能好的，这样才能保证食物的汁水不会外流。聚乙烯在 1939 年被第一次开发应用，1942 美国杜邦公司的化学家发现了如何应用注塑工艺来加工聚乙烯。

产　　品：塑料餐盒

材料特性：密度小，不易破碎，成本相对低，较好的抗热耐冷性，抗冲击，卫生、可回收

典型应用：薄膜制品、吹塑玩具、绝缘材料、手提袋

5. LDPE（低密度聚乙烯）

聚乙烯于 1970 年由美国用浆液法制出，其生产采用合成工艺。LDPE（低密度聚乙烯）是聚乙烯树脂中最轻的品种，呈乳白色、无味、无臭、无毒、表面无光泽的蜡状颗粒。具有良好的柔软性、延伸性、电绝缘性、透明性、易加工性和一定的透气性。

马克 · 纽森 1963 年在澳大利亚悉尼出生，工业设计师设计经历非常丰富，是一个典型的国际设计师。他在设计中采用了有机形态，也就是英语中的“biomorphism”——具有象征性的有机形式，并形成了自己的设计风格。马克 · 纽森的设计产品形式感很强，线条流畅，常采用鲜艳的色彩，有时也喜欢用半透明、透明的材料先声夺人，把收口的锐利边缘用有机形式渐渐收缩颇为特别。

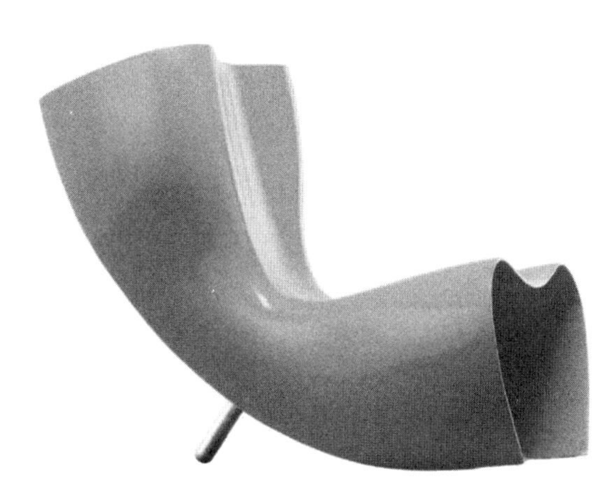

产　　品：塑料空心椅（马克・纽森设计）

材料特性：有良好的耐腐蚀性，耐冲击、不褪色、防潮、成本低，可回收

典型应用： 化学容器、电缆绝缘材料、柔韧玩具、家具

6.PF（酚醛树脂）

酚醛树脂不能很好地与颜色添加剂进行混合，所以其颜色大多数比较暗，作为板材类材和薄片类材料在生产中得到广泛的应用。作为模铸化合物，酚醛树脂可以通过填充物和纤维增加力度防止过脆。由于有着良好的耐热和阻燃性能，这种材料在烹饪厨具中大多数作为手柄和耐高温的外壳部件来使用。

产　　品：电木茶盘

材料特性：良好的耐热性能、阻燃、抗冲击、材料成本低、尺寸稳定性好、无毒、耐磨、绝缘

典型应用： 门把手、边框、保龄球、餐具把手

7. PS（聚苯乙烯）

PS（聚苯乙烯）是指由苯乙烯单体经自由基加聚反应合成的聚合物，是一种无色透明的热塑性塑料。它具有高于100℃的玻璃转化温度，因此经常被用来制作各种需要盛开水的一次性容器以及一次性泡沫饭盒等。加热成型时，依发泡倍率的不同，可以制成免洗餐具、生鲜托盘、泡面碗、汉堡盒等容器，也可用做防震包装垫，重量轻，坚固，但不环保。

产　　品：泡沫飞机

材料特性：PS（聚苯乙烯）质轻、绝热、吸音、防震、耐腐蚀、不环保

典型应用： 一次性餐具、玩具、包装材料

8. PU（聚氨酯）

聚氨酯（英语：Polyurethane，一般缩写为PU），是指主链中含有氨基甲酸酯特征单元的一类高分子材料。这种高分子材料广泛用于黏合剂、涂层、低速轮胎、垫圈、车垫等工业领域。在日常生活领域，聚氨酯被用来制造各种泡沫和塑料海绵。聚氨酯是一种新兴的有机高分子材料，被誉为“第五大塑料”，因其卓越的性能而被广泛应用于国民经济众多领域。

产品应用领域涉及轻工、化工、电子、纺织、医疗、建筑、建材、汽车、国防航天、航空等。

德国设计师Simon Frambach新作品“软灯”，由聚氨酯泡沫塑料制成。可随意更改的形状能满足所有使用需求，可以是照明灯，也可以是温暖的抱枕。

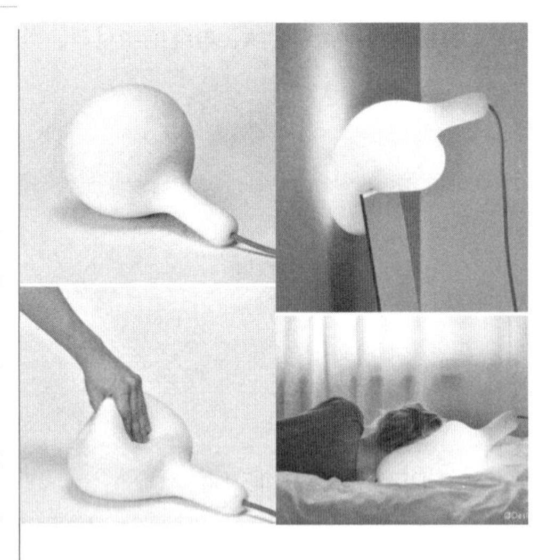

产　　品：灯具

材料特性：隔热、隔音、抗震、防毒性能良好

典型应用： 医疗器械、汽车内饰、灯具

产　　品：Sitzbock 鞍马座椅

材料特性：PP（聚丙烯）硬度高、耐磨、耐高温、耐湿

典型应用：家具、包装、照明设备、文具

9. PP（聚丙烯）

聚丙烯（Polypropylene，缩写为PP）是以丙烯为单体而成的聚合物，熔融温度约为174℃，密度0.91 g/cm^3，强度高，硬度大，耐磨，耐弯曲，耐热达120℃，耐湿和耐化学性均佳，容易加工成型，价格低廉，因此是产量大、应用广泛的通用高分子品种。缺点是低温韧性差，不耐老化。

Sitzbock 鞍马座椅可以实现各种不同的姿势。它们采用黑色、白色、灰色或橙色的染色聚丙烯（PP）旋转模注塑而成。重量仅为4.8 kg，它们很容易分组放置以进行自发的聚会，最多可以交叉堆叠四个，也可以将它们拾起并放在露台上一段时间。

10. PVC（聚氯乙烯）

PVC 可分为软、硬两种。其中软 PVC 用于地板、天花板以及皮革的表层，其色彩丰富，成本低廉。软 PVC 中含有增塑剂（这也是软 PVC 和硬 PVC 的区别），物理性能较差，如果水管需要承受一定的水压，就不适合使用软质 PVC。硬 PVC 质地坚硬，机械强度高，耐化学腐蚀性能好。PVC 聚氯乙烯材料在生产过程中，需要添加稳定剂、增塑剂等，如果全部采用环保助剂，那 PVC 管材也是无毒无味的环保制品。

产　　品：PVC 材质时装

材料特性：不易燃性、高强度、耐气候变化性以及优良的几何稳定性

典型应用：手提袋、玩具、水管、文具

11. CA（乙酸纤维素）

CA（乙酸酯纤维素）产品有温暖的触感，抗汗，并能自体发光，是拥有明亮色彩和糖浆般的透明感的传统聚合物。由于CA有大理石板的效果，人们可以经常将它应用于手柄、眼镜框、发夹和牙刷柄等产品上，因此它也是最容易被认知的高分子聚合物之一。

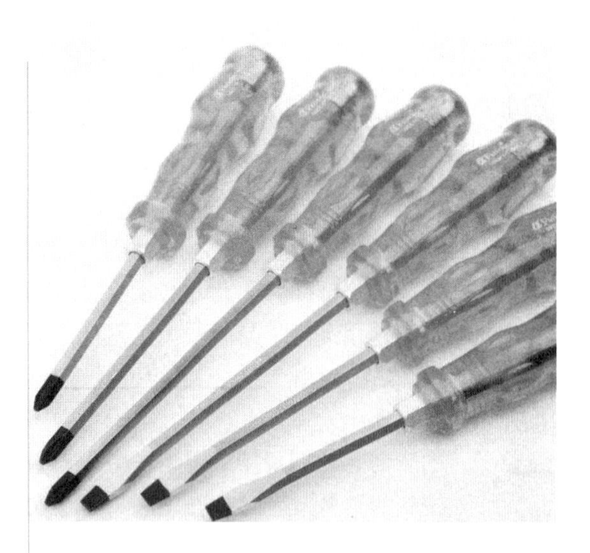

产　　品：螺丝刀

材料特性：拥有明亮色彩和糖浆般透明感的一种传统聚合物

典型应用：家具、包装、照明设备、文具

12. HIPS（高抗冲聚苯乙烯）

HIPS（高抗冲聚苯乙烯）是由弹性体改性聚苯乙烯制成的热塑性材料。由橡胶相和连续的聚苯乙烯相构成的两相体系，已发展为世界上重要的聚合物商品。这种通用产品在冲击性能和加工性能方面有很宽的范围，使其具有广泛的应用，如用于汽车、器械、电动产品、家具、家庭用具、电信、电子、计算机、一次性用品、医药、包装和娱乐市场。

产　　品：安全帽

材料特性：无臭、无味、硬质材料、成形后尺寸稳定性良好

典型应用：家具、电脑、家电、医药及包装

13. PA（聚酰胺）

聚酰胺俗称尼龙（Nylon），英文名称 Polyamide（简称 PA），密度 1.15 g/cm^3，是分子主链上含有重复酰胺基团 –[NHCO]– 的热塑性树脂总称，包括脂肪族 PA、脂肪 - 芳香族 PA 和芳香族 PA。其中脂肪族 PA 品种多，产量大，应用广泛，其命名由合成单体具体的碳原子数而定。PA 是由美国著名化学家卡罗瑟斯和他的科研小组发明的。

产　　品：裤子

材料特性：吸取水汽后，机械特性会改变，材料韧性更好，承受冲击能力更强，但弹性模量会下降

典型应用：服装

14. PET（聚对苯二甲酸乙二醇酯）

PET 是乳白色或浅黄色、高度结晶的聚合物，表面平滑有光泽，抗蠕变性、耐疲劳性、耐摩擦性、尺寸稳定性好，磨耗小而硬度高，具有热塑性塑料中最大的韧性，电绝缘性能好，受温度影响小，但耐电晕性较差。耐气候性、抗化学药品稳定性好，吸水率低，耐弱酸和有机溶剂，但不耐热水浸泡，不耐碱。

产　　品：瓶子

材料特性：表面平滑而有光泽，抗蠕变性、抗疲劳性、耐摩擦性、尺寸稳定性好，磨耗小而硬度高

典型应用：墨水瓶、机械部件、合成纤维

3.1.3 高分子材料应用

通常，塑料可分为加热熔化的热塑性塑料和加热不熔化的热固性材料。但在设计上一般是通过用途将其分类为通用塑料、工程塑料和特种塑料。通用塑料是指生产量大、货源广、价格低、适用于大量应用的塑料，包含聚乙烯（PE）、聚丙烯（PP）、聚氯乙烯（PVC）、聚苯乙烯（PS）、丙烯腈 - 丁二烯 - 苯乙烯共聚合物（ABS）。通用塑料通常具有良好的成型工艺性，可选用多种成型工艺制成用途多样的产品，包括塑料袋、保鲜膜、饭盒、家具、电器等。

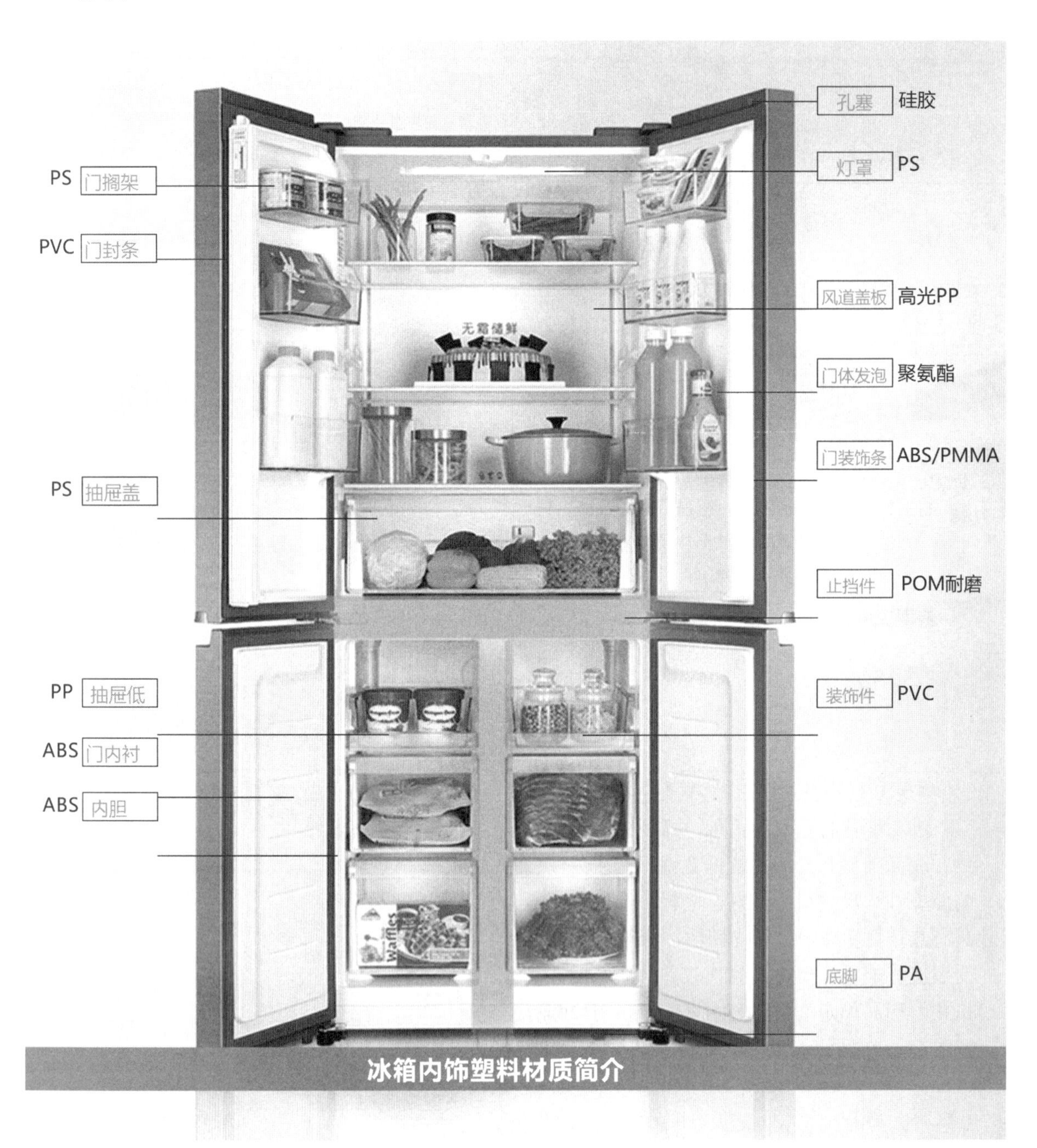

冰箱内饰塑料材质简介

3.1.4 高分子塑料性能一览表

高分子材料缩写	应用案例	性能特征
TPO（热塑性聚烯烃） ASA（丙烯酸） PMMA（丙烯酸甲酯）	标志，视窗，尾灯灯罩，磨砂灯泡，音响防尘罩	坚硬，透明，有光泽，抗风化，热塑性好，铸造性好，装配性好
ABS（丙烯腈-丁二烯-苯乙烯）	家用器具（食品加工），棋子，行李箱电镀基材，电脑机箱，手柄，散热器材	坚硬，不透明，有光泽，易电镀，低温下也能坚持良好的性能
Aramids	航空用品，纤维加固剂，抗高温泡沫塑料化学纤维，电焊喷枪	坚硬，不透明，高强度，耐高温（480℃），抗电性能极佳，抗电离辐射，成本高
CA（乙酸纤维素） CAP（醋酸纤维素丙酸酯）	眼镜架，牙刷，工具手柄，透明包装纸笔筒	坚硬，透明，耐低温，耐静电，易成型，成本低
EVA（乙烯乙酸乙烯酯）	奶嘴，手柄，柔韧的管子，啤酒桶，吸尘器软管	透明，低温下（－70℃）也能保持良好的弹性，抗腐蚀，摩擦系数高
PTFE（聚四氟乙烯）	不粘锅，垫圈，包装，高低温电子产品医学产品，实验设备，轴承	中度坚硬，透明，摩擦性特别低，抗腐蚀性极佳，抗细菌，高（260℃）低（－160℃）温稳定性好，抗风化
PA（聚酰胺）	齿轮，拉链，压力管，合成纤维，食品机械轴承，厨房用品，插座，梳子	坚硬，透明，高耐磨性，抗老化，抗燃烧，抗油，可用蒸汽杀菌
POM（聚丙烯酰胺）	商业机械部件，低压力容器，气雾剂阀，钟表部件，管道工程部件，鞋子部件	坚硬，透明，刚性，有弹性，抗压，松弛性好，抗磨抗损，抗电，抗有机溶剂
PC（聚碳酸酯）	小唱片，防爆装置，安全玻璃，奶瓶，安全头盔，安全灯罩	坚硬，透明，抗冲击性极佳，抗风化，尺寸稳定性好，绝缘性强，抗火焰
PET（聚对苯二甲酸乙二醇酯） PBT（聚对苯二甲酸丁烯酯）	碳素墨水瓶，机械部件，合成纤维	硬度高，抗蔓延与老化，温度跨度大（－40℃~200℃）加热不流动
HDPE（高密度聚乙烯）	化学容器，油桶，玩具，野餐器皿，厨房器皿，电缆绝缘，行李袋，食品包装	有弹性，半透明像蜡一样，抗风化，低温下（－60℃）也能保持良好的硬度，易加工，成本低，耐腐蚀
LDPE（低密度聚乙烯）	榨汁机，玩具，行李袋，高频绝缘，化学容器内部，重物袋，汽油管，水管	硬度高，半透明，抗风化，抗腐蚀，易加工
PP（聚丙烯）	医院杀菌器具，汽车电池装置，椅子，电热壶，汽车内饰	中度坚硬，半透明，抗腐蚀性，抗老化
PS（聚苯乙烯）	玩具，包装，冰箱容器，化妆盒	坚硬，透明，收缩率低，易脆，抗射线性极佳，无味，易加工
HIPS（高压聚苯乙烯）	冰箱内胆，浴室橱柜，马桶盖	坚硬，透明，牢固，抗压指数高
PES（聚砜乙醚） PEEK（聚酮醚酯）	耐高低温用品，原子反应堆部件，微波炉，电镀件	抗氧化性好（200~300℃），透明，坚硬，成本高需特殊工艺加工
PVC（聚氯乙烯） PE（聚乙烯）	窗框，排水管，电线电缆绝缘，橡皮软管文具盖，人造皮革	耐用，抗风化，抗火焰，绝缘性好，抗压
PU（聚氨酯）	运动鞋底，垫圈，印章，溜冰鞋轮子，人造皮革，无噪音齿轮	柔软有弹性，耐磨
EP（环氧）	黏合剂，涂层，电子元件，心脏起搏器	坚硬，牢固，抗化学性强，黏合性强，收缩小
MF（三聚氰胺甲醛）	装饰板，照明装置，餐具，涂层，瓶盖	坚硬，牢固，不透明，阻电抗热性好，抗化学溶剂
PF（酚醛树脂）	烟灰缸，灯座，瓶盖，锅把手，电插头焊接工具，电熨斗部件	坚硬，易脆，不透明，电阻好，重压不变形，耐酸碱溶剂
DMC（团铸化合物）	船体，建筑面板，货车驾驶室，压缩机外壳	坚硬，防辐射，强度高，低温仍能保持良好的抗压性，成本低

3.2 金属材料

3.2.1 金属材料概述

纯金属在常温下一般都是固体（汞除外），有金属光泽（即对可见光强烈反射），大多数为电和热的优良导体，有延展性，密度较大，熔点较高。地球上的金属资源广泛地存在于地壳和海洋中，除少数很不活泼的金属如金、银等有单质形式存在外，其余都以化合物的形式存在。金属在自然界中广泛存在，在生活中应用极为普遍，在现代工业中是非常重要和应用最多的一类物质。

1. 铜
2. 铝
3. 铸铁
4. 不锈钢
5. 黄铜
6. 金
7. 钛
8. 锌
9. 银
10. 镍

1. 铜

铜有“万能金属”之称，它与我们的生活密切相关，人类的许多早期工具和武器都是用铜制造的。铜的拉丁名称“cuprum”起源于一个叫“cyprus”的地方，这是一个铜资源非常丰富的岛屿，人们用岛的名字缩写 Cu 来给这种金属材料命名。铜在现代社会总扮演十分重要的角色，铜被大量应用于建筑结构当中，作为传输电力的载体，另外，几千年来它还一直被许多不同的文化背景的人们作为身体装饰品的原材料。铜是一种优良的导电体，铜的导电性能仅次于银，从人们利用金属材料的时间历史这一点来说，铜则是仅次于金的为人类利用历史最悠久的金属。主要是因为铜矿容易开采，而且铜也比较容易从铜矿中分离出来。

材料名称：铜

材料特性：很好的导热导电性能、柔韧，具有延展性

典型应用：首饰、灯具、印刷电路、导线、发动机线圈

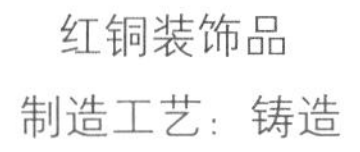

红铜装饰品

制造工艺：铸造

2. 铅

相对于已经有 9000 年使用历史的黄金而言，铝这种略带蓝光的白色金属，实在只能算是金属材料中的婴儿。铝于 18 世纪初问世并被命名，与其他金属材料不同，铝并不是直接以金属元素的形式存在于自然界中，而是从含量 50% 的氧化铝（矾土）的铝土中提炼出来的。铝以这种形态存在，是地球上储量最丰富的金属元素之一。铝最早被发现的时候，并没有被立刻应用到人们的生活当中，后来，针对其独特的功能和特性的产品逐渐问世后，这种高科技材料也逐渐拥有了广阔的市场。虽然铝的应用历史相对较短，但是现在铝产品的产量已经远远超过其他有色类金属的产量总和。

材料名称：铝

材料特性：柔韧可塑，易于制成合金，出色的防腐性，易导热、导电，可回收

典型应用： 交通工具骨架、飞行器零部件、厨房用具、包装及家具

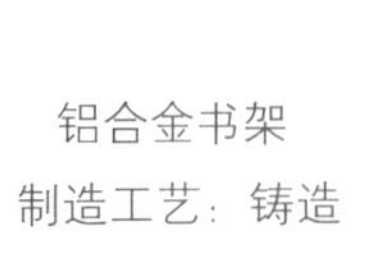
铝合金书架

制造工艺：铸造

3. 铁

人类最早发现铁是在从天空落下的陨石里，陨石含铁的百分比很高（铁陨石中含铁量达90.85%），是铁、镍和钴的混合物。早在4000多年前的古埃及第五王朝至第六王朝建造的金字塔所藏的宗教经文中，就记述了当时太阳神等重要神像的宝座是用铁制成的。铁在当时被认为是带有神秘性的最珍贵的金属，埃及人干脆把铁叫作“天石”。在古希腊文中，“星”与“铁”是同一个词。纯铁是带有银白色金属光泽的金属晶体，通常情况下呈灰色到灰黑高纯铁丝色无定形细粒或粉末，有良好的延展性和导电、导热性能，有很强的铁磁性，属于磁性材料。

材料名称：铁

材料特性：纯铁是白色或者银白色的，有金属光泽。熔点1538℃、沸点2750℃，能溶于强酸和中强酸

典型应用：交通工具骨架、飞行器零部件、厨房用具、包装及家具

日式铁壶

制造工艺：铸造

铁壶，亦称铁瓶，是用来煎茶煮水的器皿。成型的茶壶，兼具养生、观赏和收藏价值。

日式铁壶最早可追溯至日本的江户时期，距今有数百年历史。茶道从中国传入日本后，成为了日本的时尚，到了江户时代，茶友们将“茶釜”加上注水口和把手用来泡茶，铁壶随之诞生。

4. 不锈钢

不锈钢分为四大主要类型：奥氏体、铁素体、铁素体 - 奥氏体（复合式）、马氏体。家居用品中使用的不锈钢基本都是奥氏体。

材料名称：不锈钢

材料特性：防腐蚀，刚性高，可进行精致表面处理，可进行各种加工工艺，较难进行冷加工

典型应用：奥氏体不锈钢主要用于家居用品，马氏体不锈钢主要用于刀具、涡轮刀片，铁素体不锈钢具有防腐性，可用在洗衣机内筒以及锅炉部件

阿莱西水壶

制造工艺：焊接

阿莱西是闻名全球的家居用品设计制造商，它一向注重原创性和生活品位。这使得它成为工业设计领域当之无愧的佼佼者。通过对阿莱西的产品及其发展历程的了解，阿莱西作为 20 世纪后半叶最具影响力的产品设计公司，对设计有独特的见解。阿莱西的掌门人 Alberto Alessi 在 2003 年写的《The Dream Factory: Alessi since 1921》一书中表示："真正的设计是要打动人的，它能传递感情、勾起回忆给人惊喜，好的设计就是一首关于人生的诗，它会把人们带入深层次的思考境地。"在 Alberto 的眼里，阿莱西已经不止是工业产品，而是一件件"被复制了的艺术品"。

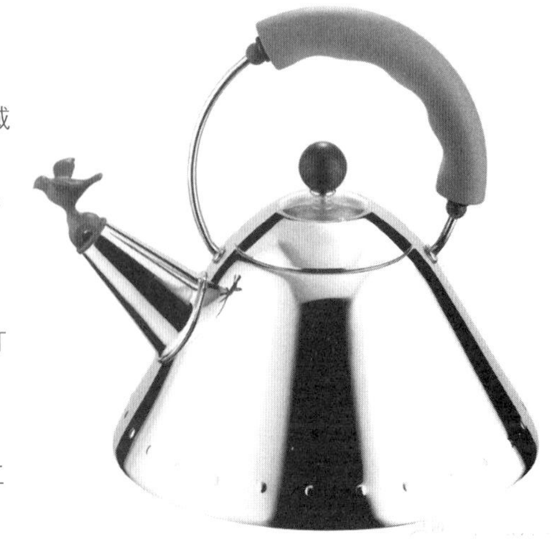

5. 黄铜

黄铜是由铜和锌所组成的合金。由铜、锌组成的黄铜叫作普通黄铜，如果是由两种以上的元素组成的多种合金就称为特殊黄铜。黄铜有较强的耐磨性能，常被用于制造阀门、水管、空调内外机连接管和散热器等。

材料名称：黄铜

材料特性：强度高，硬度大，耐化学腐蚀性强。黄铜带切削加工的机械性能也较突出

典型应用：黄铜无缝管可用于热交换器和冷凝器、低温管路、海底运输管等。黄铜色彩富丽堂皇，金属质感好，有很好的装饰性

宣德炉

制造工艺：铸造

宣德炉是中国历史上第一次运用黄铜铸成的铜器。为制作精品的铜炉，明朝宣德皇帝曾亲自督促，这在历史上实属少见。宣德炉以色泽为亮点，其色内融。此件宣德炉以黄铜制成，底书“大明宣德年制”楷书款，带底座。其炉身形制规整，敦厚之中不失灵巧精致，作为书房陈设颇为雅致。焚香其内，数百年历史的厚重感随香外溢。它通体光素，尽显铜炉精纯美质，铜质精良，入手沉甸。

6. 黄金

黄金（Gold）是化学元素金（Au）的单质形式，是一种软的、金黄色的、抗腐蚀的贵金属。金是较稀有、较珍贵和极被人看重的金属之一。国际上一般黄金都是以盎司为单位，中国古代是以“两”作为黄金单位。黄金不仅是用于储备和投资的特殊通货，同时又是首饰、电子、现代通讯、航天航空等行业的重要材料。

材料名称：黄金

材料特性：防腐蚀、延展性强，有很好的装饰性

典型应用：黄金是典型的货币金属，金属质感好，可塑性佳，自古以来都是首选的装饰品制造金属

镀金怀表

制造工艺：镀金

7. 钛

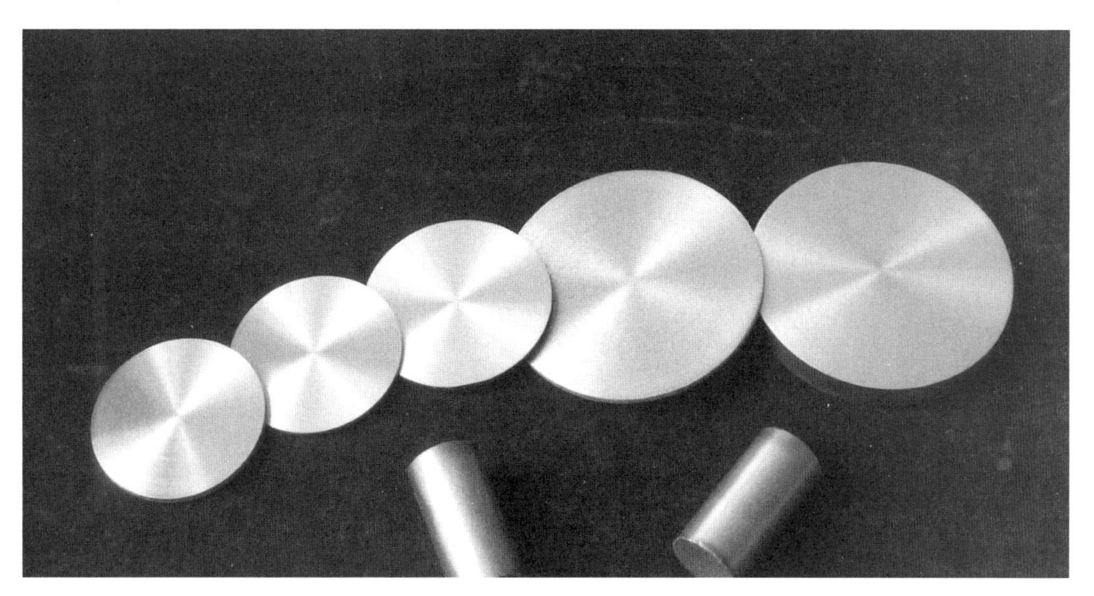

钛是一种新型材料，密度小，强度高。钛的密度为 4.506 g/cm^3，仅为钢的 60%。纯钛的强度接近普通钢的强度，但一些高强度钛合金超过了许多合金结构钢的强度。因此钛合金的比强度（强度 / 密度）远大于其他金属结构材料，可制出单位强度高、刚性好、质轻的零、部件。它的密度仅有铁的一半，但是其力学性能例如锤击、延展性等却和铜不分上下。航空航天领域用钛减轻结构重量，提高结构效率，符合局部耐高温的要求，符合与复合材料结构相匹配的要求，符合高抗蚀性和长寿命的要求。

材料名称：钛合金

材料特性：熔点高、硬度大、可塑性强、密度小、耐腐蚀，钛合金抗拉强度达 180 g/mm^3

典型应用：飞机、火箭、导弹、人造卫星、宇宙飞船、舰艇、军工、医疗以及石油化工等领域

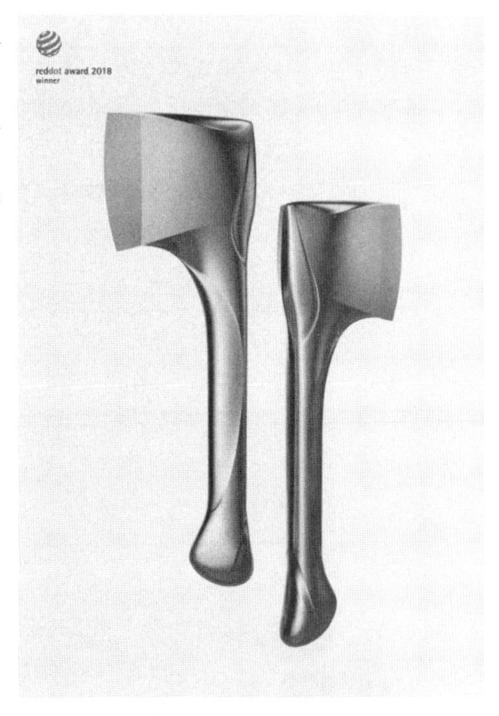

福赛提斧

制造工艺：铸造

福赛提斧是从根本上重新设计的斧头，最大限度地提高了性能和寿命。（左）轻型结构——用三维金属印刷（lmd）制作的隐形分叉结构。从根本上提高了设计的耐久性、结构强度和重量分布。（右）真空钎焊技术——通过真空钎焊技术，将一个机械加工的高速钢刀片与印刷钛合金刀体无缝连接。

8. 锌

锌是一种浅灰色的过渡金属，也是第四常见的金属。在现代工业中，锌是电池制造上不可替代的、相当重要的金属。此外，锌也是人体必需的微量元素之一，起着极其重要的作用。锌易溶于酸，也易从溶液中置换金、银、铜等。锌的氧化膜熔点高，但金属锌熔点却很低，锌主要用于钢铁、冶金、机械、电气、化工、轻工、军事和医药等领域。

材料名称：锌

材料特性：锌具有良好的抗电磁场性能

典型应用： 锌是非磁性的，适合做仪器仪表零件的材料、仪表壳体及钱币，同时，锌自身与其他金属碰撞不会发生火花，适合作井下防爆器材

锌合金工艺品

制造工艺：铸造

9. 银

银是古代就已知并加以利用的金属之一，是一种重要的贵金属。银在自然界中有单质存在，但绝大部分是以化合态的形式存在于银矿石中。银的理化性质均较为稳定，导热、导电性能很好，质软，富延展性，其反光率极高。

材料名称：银

材料特性：导热、导电性能好，质软，富延展性

典型应用：银具有诱人的白色光泽、较高的化学稳定性和收藏观赏价值，广泛用作首饰、装饰品、银器、餐具、奖章、纪念币等

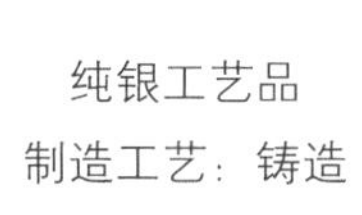

纯银工艺品

制造工艺：铸造

10. 镍

镍（Nickel）是一种硬而有延展性并具有铁磁性的金属，它能够高度磨光和抗腐蚀。镍属于亲铁元素。地核主要由铁、镍元素组成。由于镍具有较好的耐腐蚀、耐高温、防锈等性能，因此被广泛应用到不锈钢和合金钢等钢铁领域。不锈钢也叫铬镍钢。含镍的不锈钢既能抵抗大气、蒸汽和水的腐蚀，又能耐酸、碱、盐的腐蚀，故被广泛地应用于化工、冶金、建筑等行业。

材料名称：镍

材料特性：近似银白色，硬而有延展性并具有铁磁性的金属元素，它能够高度磨光和抗腐蚀

典型应用：具有很好的可塑性、耐腐蚀性和磁性等性能，因此主要被用于钢铁、镍基合金、电镀及电池等领域，广泛用于飞机、雷达等各种军工制造业，民用机械制造业和电镀工业等。

镀镍工艺品

制造工艺：电镀

3.2.2 金属材料性能一览表

材料	符号	物理特性			典型工艺应用
		密度 /（$kg \cdot m^{-3}$）	熔点 /°C	导热率 /（$W \cdot m^{-1} \cdot K^{-1}$）	
银	Ag	10 490	960°C	418.6	铸造、抛光
铜	Cu	8 960	1 083°C	393.5	铸造、压延、抛光
钛	Ti	4 508	1 677°C	15.1	铸造、压延、抛光
铝	Al	2 700	660°C	221.9	铸造、压延、喷砂、氧化、拉丝
铁	Fe	7 870	1 538°C	75.4	铸造、喷砂、电镀、拉丝
镍	Ni	4 500	1 453°C	92.1	铸造、电镀
钨	W	19 300	3 380°C	166.2	铸造、压延、抛光

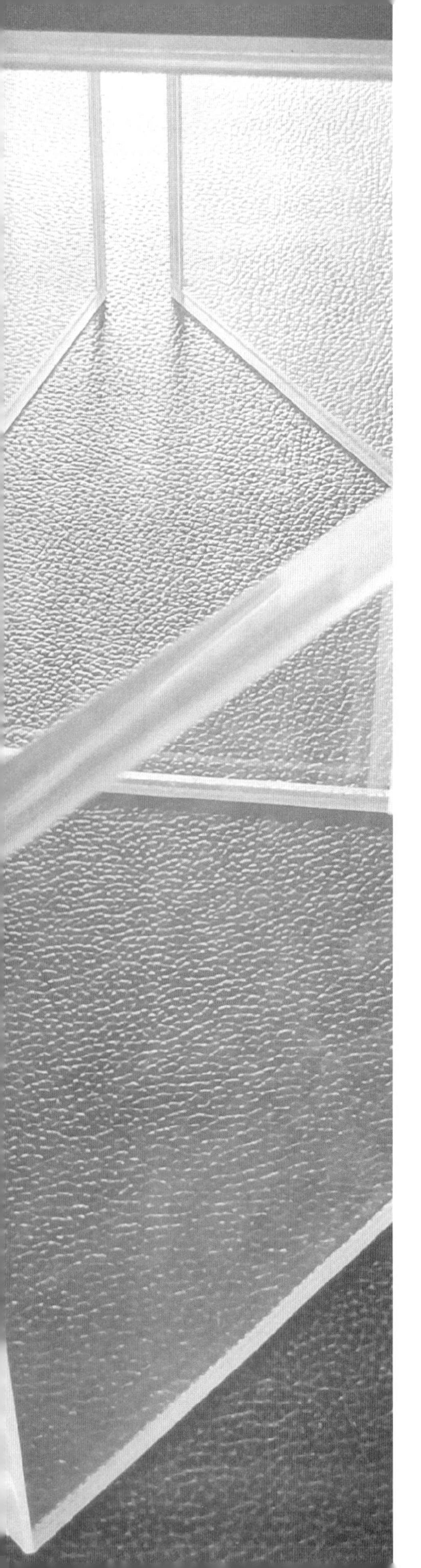

3.3 玻璃材料

玻璃在日常生活很常见，家家户户都是玻璃窗，建筑表面也都在用玻璃。玻璃属于无机非金属材料，是一种既环保又节约资源的材料，越来越受到消费者的欢迎。在整个室内设计领域，设计师们都在以全新的创造性的方式使用它，通过色调、光线和纹理增添动态色彩，创造富有魅力的效果。随着工业技术的发展，玻璃的种类越来越多，朝着功能与装饰一体化发展。

1. 热熔玻璃
2. 钢化玻璃
3. 夹层玻璃
4. 炫彩玻璃
5. 曲面玻璃
6. 微晶玻璃

1. 热熔玻璃

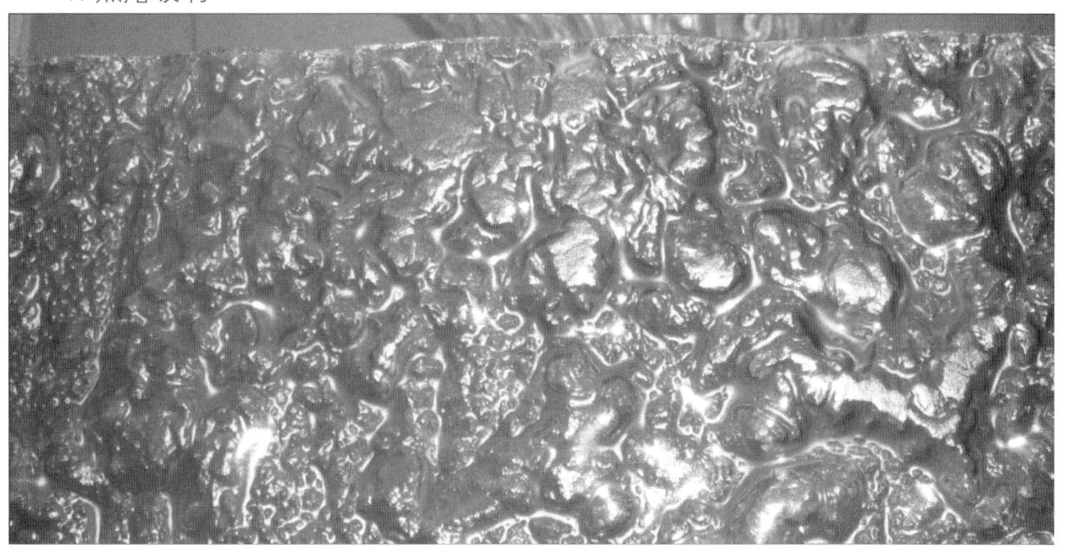

热熔玻璃起源于西方国家，也叫“水晶立体玻璃”，现在国内市场上有很多国外进口的热熔玻璃产品，都是采用了热熔生产工艺，这些产品是装饰行业不可或缺的产品。热熔玻璃的工艺特点在一定程度上是超越了现有的玻璃形态，把现代或古典的艺术形态融入玻璃之中，在室内装饰行业应用广泛，如玻璃砖、艺术门窗、大型壁挂玻璃、艺术隔断玻璃等等。这给了设计师很大的艺术发挥和想象空间。热熔玻璃产品种类较多，已经有热熔玻璃砖、门窗用热熔玻璃、大型墙体嵌入玻璃、隔断玻璃、一体式卫浴玻璃洗脸盆、成品镜边框、玻璃艺术品等，应用范围因其独特的玻璃材质和艺术效果而十分广泛。

热熔玻璃工艺品

制造工艺：压铸

热熔玻璃是采用特制热熔炉，以平板玻璃和无机色料等作为主要原料，设定特定的加热程序和退火曲线，在加热到玻璃软化点以上，经特制成型模模压成型后退火而成，必要的话，再进行雕刻、钻孔、修裁等后道工序加工。

2. 钢化玻璃

钢化玻璃（Tempered glass/Reinforced glass）属于安全玻璃。钢化玻璃其实是一种预应力玻璃，为提高玻璃的强度，通常使用化学或物理的方法，在玻璃表面形成压应力，玻璃承受外力时首先抵消表层应力，从而提高了承载能力，增强玻璃自身抗风压性、寒暑性、冲击性等。钢化玻璃是将普通退火玻璃先切割成要求尺寸，然后加热到接近软化点的 700℃左右，再进行快速均匀的冷却而得到的（通常 5 ～ 6 mm 的玻璃在 700℃高温下加热 240 s 左右，降温 150 s 左右），注意与玻璃钢区别开来。

钢化玻璃的缺点：① 钢化后的玻璃不能再进行切割和加工，只能在钢化前就对玻璃进行加工至需要的形状，再进行钢化处理。② 钢化玻璃强度虽然比普通玻璃大，但是钢化玻璃有自爆（自己破裂）的可能性，而普通玻璃不会自爆裂。③ 钢化玻璃的表面会存在凹凸不平的现象（风斑），有轻微的厚度变薄。变薄的原因是玻璃在热熔软化后，在经过强风力使其快速冷却，使其玻璃内部晶体间隙变小，压力变大，所以玻璃在钢化后要比在钢化前要薄。具体程度要根据设备来决定，这也是钢化玻璃不能做镜面的原因。④ 通过钢化炉（物理钢化）加工后的建筑用的平板玻璃，一般都会有变形，变形程度由设备与技术人员工艺决定。在一定程度上，影响了装饰效果（特殊需要除外）。

异形钢化玻璃家具

工艺：切割、钢化

FLAM 是一家意大利的家具公司，有 40 多年历史，是意大利工匠精神的家族企业，与众多知名国际设计师合作，用曲面玻璃和 3 D 技术做家具，作品被世界知名博物馆收藏。

3. 夹丝玻璃

夹丝玻璃别称防碎玻璃。它是将普通平板玻璃加热到红热软化状态时，再将预热处理过的铁丝或铁丝网压入玻璃中间而制成的。它的特性是防火性优越，可阻挡火焰，高温燃烧时不炸裂，破碎时不会造成碎片伤人。夹丝玻璃即使被打碎，线或网也能支住碎片，很难崩落和破碎。夹丝玻璃大多数被应用在家居装饰领域。夹丝玻璃分双层玻璃和单层玻璃，效果上也分透亮和磨砂，全看大家的需求和喜好来定。夹丝玻璃抗冲击能力也很强。

夹丝装饰玻璃

制造工艺：热弯

普通的玻璃门都是透明材质，在一定程度上虽然保证了家里的采光，但是在装饰效果上却显得单调了些，而夹丝玻璃门就不同了，熔入玻璃之中的钢丝样式非常多样，颜色也各有不同，直接装在家里做隔断门，有极强的装饰感，让人有眼前一亮的感觉。

4. 炫彩玻璃

炫彩玻璃可以根据太阳直射的顶角和观察者所处位置的角度而变化出五种色彩：橙、绿、蓝、红、黄。炫彩玻璃是一种具有神奇变色效果的艺术装饰玻璃，它是使用超白玻璃原片在表面应用“镀彩”工艺，玻璃雨玻璃中间夹幻彩玻璃贴膜制作而成。炫彩玻璃这种神奇的变色效果，使得它成为室内高端装饰，成为玻璃门窗幕墙装饰领域具有时代性、豪华性、美观性的理想环保新型建材。

镀膜炫彩玻璃杯

工艺：电镀

玻璃镀膜的方法分为四类：化学沉积法、热蒸发镀、机械（包括喷涂和浸渍两种方法）以及目前比较先进的磁控溅射镀膜。这些技术的原理和设备都不一样，也不能互换。镀膜玻璃生产方法都是在玻璃表面涂以金、银、铜、铝、镍、铁、锡等金属。由于玻璃所具有的特殊性质，晶莹剔透、光洁亮丽、艳美多彩，所以在装饰中能充分展示出玻璃艺术的优美典雅，在不同的采光效果下产生炫彩的立体视觉效果。

5. 曲面玻璃

曲面玻璃成型是热工加工范畴，要确保玻璃表面晶莹剔透属于高层次技术，需投入、累积相当经验才能克服工艺瓶颈。目前在家电外观设计、新能源汽车行业、手机行业以及家居用品行业，曲面玻璃工艺应用已经非常普及，随着工艺精度和批产合格率的提升，曲面玻璃的加工成本也在不断降低。

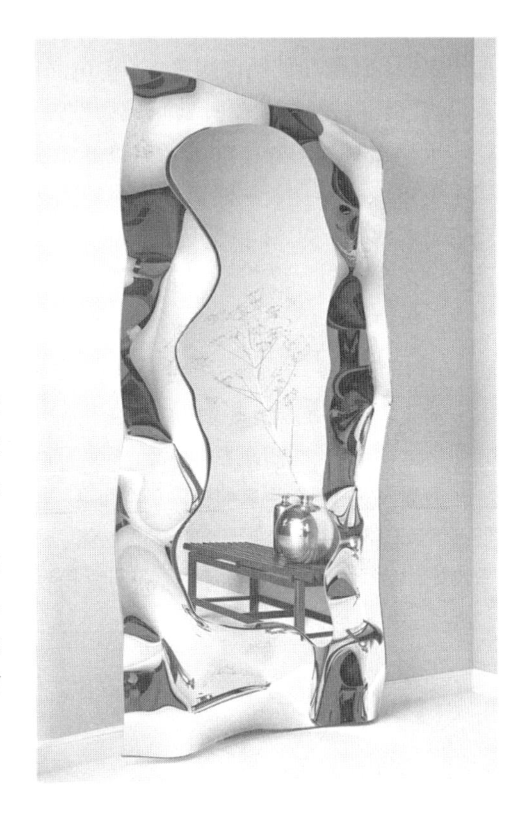

曲面玻璃镜子

制造工艺：热弯

玻璃材质制成的可行性，结合技术精湛的工匠和天马行空的设计创意，让 FIAM ITALIA 跳脱传统木制家具的思维，创造了一个极具特色的设计家具品牌。品牌与国际设计大师 Philippe Stack、Ron Arad、Enzo Mari 等密切合作，融合传统与创新、工艺与当代设计，使 FIAM ITALIA 成为极致玻璃工艺的代表品牌。让坚硬的玻璃自在弯曲成型，挑战承重、耐用的实用性，化身家具融入生活，意象现代，但细节却有着人手感的温度，非量产的商品可比拟。

6. 微晶玻璃

微晶玻璃（Nanocrystal glass）又称微晶玉石或陶瓷玻璃，无机非金属材料，是一种新型的建筑材料的综合玻璃，它的学名叫作玻璃水晶。微晶玻璃和我们常见的玻璃看起来大不相同。它具有玻璃和陶瓷的双重特性，普通玻璃内部的原子排列是没有规则的，这也是玻璃易碎的原因之一。而微晶玻璃像陶瓷一样，由晶体组成，也就是说，它的原子排列是有规律的。所以，微晶玻璃比陶瓷的亮度高，比玻璃韧性强。微晶玻璃集中了玻璃、陶瓷及天然石材的三重优点，优于天然石材和陶瓷，可用于建筑幕墙及室内高档装饰，还可做机械上的结构材料、电子电工上的绝缘材料、大规模集成电路的底板材料、微波炉耐热列器皿、化工与防腐材料和矿山耐磨材料等等，是 21 世纪具有发展前途的新型材料。

微晶玻璃餐具

制造工艺：铸造

微晶玻璃材质比金属的锅具更能保温，因此能大大降低燃气消耗。同时具有超凡的耐温差性能，适用于烤箱、微波炉、煤气灶、冰箱和冷冻库，并可直接当餐具上桌。

习　题

1. 产品设计中“新材料”概念如何定义？
2. 列举几种新材料在当前产品外观设计中的应用案例。

04 CMF 工艺

4.1 塑料成型工艺

4.1.1 注塑

注塑是一种工业产品生产造型的基本工艺。产品通常使用橡胶注塑和塑料注塑。注塑还可分注塑成型模压法和压铸法。注射成型机（简称注射机或注塑机）是将热塑性塑料或热固性料利用塑料成型模具制成各种形状的塑料制品的主要成型设备，注塑成型是通过注塑机和模具来实现的。

工艺流程图: 合模—(合模加压热熔射进)—注射(射出)熔胶冷却—(射退)开模—顶出(取件)—关门

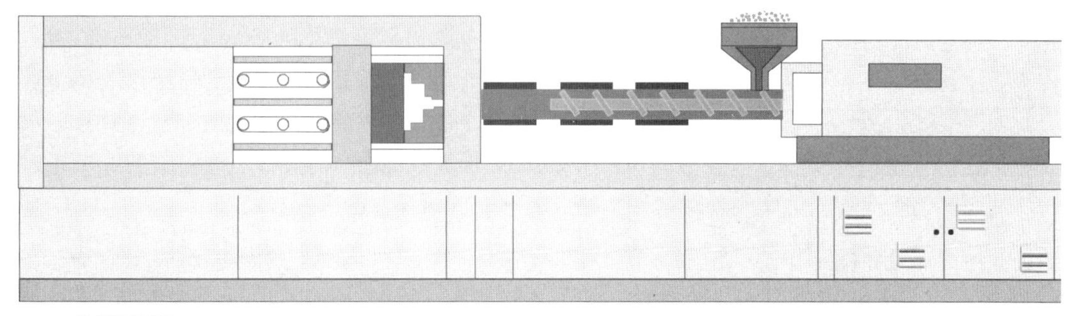

典型应用:

设备成本低，占地面积小，生产环境清洁，操作简单，自动化生产程和生产效率高。产品质量均匀，质地紧密，通过机头模具形状来控制横截面的产品形态，可生产各自形状的产品和半成品，大部分热塑性高分子材料，例如：PVC、PS、ABS、PC、PP、PET、TPU、PA、PMMA 等等。

注塑工艺应用趋势:

首先，注塑工艺向高质量和高附加值的增长方式转变，绿色环保产品将获得政策激励和市场青睐，原始创新高附加值的新产品和新工艺将成为注塑成型今后发展的总体趋势。

其次，纳米注塑成型技术是金属与纳米技术结合的方法，先将金属表面经过纳米化处理后，塑料直接射出成型在金属表面，让金属与塑料可以一体成形，不但能够兼顾金属外观质感，也可以简化产品结构设计，让产品更轻薄、短小。纳米注塑成型工艺是一种跨多个学科的工艺，涉及金属、塑料、模具设计，金属表面处理和加工，注塑成型这几个环节，缺一不可。

4.1.2 免喷涂注塑

免喷涂注塑工艺：

免喷涂，顾名思义就是注塑件从模具中取出后，不用再进打磨喷涂等后处理，就是一件合格的外观样件。免喷涂塑料通过直接注塑，实现特殊珠光、金属光泽、闪耀绚丽的外观，不需要表面修饰，可完全回收，无污染、节能高效，降低环境负担，免去喷涂工艺，无需后处理。美学塑料不只是简单地经过配色的免喷涂塑料，而是将色彩、纹理、材料、工艺结合起来去创造具有更高美学价值的免喷涂塑料。免喷涂塑料以色彩鲜艳的“高颜值”而风靡市场，传统喷涂行业一度饱受诟病。喷涂过程中不仅污染环境，高危、高伤害性的喷涂作业环境还会对生产线工人造成严重的健康隐患，喷涂产生的 VOC 气体也导致了雾霾的加重。并且，喷涂塑料还存在生产环节多、设计自由度低、加工成本高等问题。消费者对极致美的追求正进一步倒逼制造企业加大对产品外观设计、视觉美感、低碳环保的重视。

“钢琴漆”质感注塑工艺：

免喷涂注塑工艺中有一种称为”钢琴烤漆”处理方法，它的特点是能呈现“镜面”的光泽。生活中，电视、电脑、打印机、电子产品、手机都争相采用。以往钢琴烤漆的效果一般是通过“喷涂”工艺来实现，由于喷涂工艺不环保，而且“打磨”人工成本较高因此通过对模具工艺的调整，用注塑直接可以实现“钢琴烤漆”效果。适用材料：ABS、PP。

免喷涂金属色注塑工艺难点：

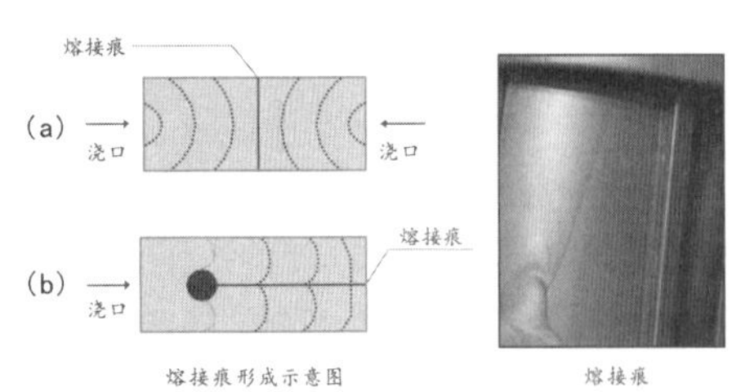

（a）两个浇口形成冷接痕（b）嵌件形成热接痕

金属质感的注塑料，在注塑成型过程中，很容易产生熔接痕和流痕，主要原因除了材料本身的金属粉流动性差不均匀之外，模具结构设计也是主要原因。当采用多浇口或型腔中存在孔洞、嵌件，以及制品厚度尺寸变化较大时，塑料溶体在模具内会发生两个方向以上的流动，当两股熔体相遇时，就会在制品中形成熔接线，尽管熔接线是在模具充填过程中形成的，但它们的结构，形状和性质与整个注塑成型过程相关。

4.1.3 挤塑

工艺简介：

挤塑又叫挤出成型，或者挤压、挤出模塑，主要是指借助螺杆或者柱塞的挤压作用，使受热熔融的高分子材料在压力的推动下，强行通过模具而形成的恒定截面的连续型材的一种成型方法。应用于管材、板材、片材、薄膜、单丝、扁丝、电线电缆的包覆等的成型，还可用于粉末造粒、染色等。塑料挤出成型工艺，在工业生产中占有很重要的地位目前在成型加工行业，挤出成型的塑料制品占塑料制品总量的 30% 以上。

工艺流程图：

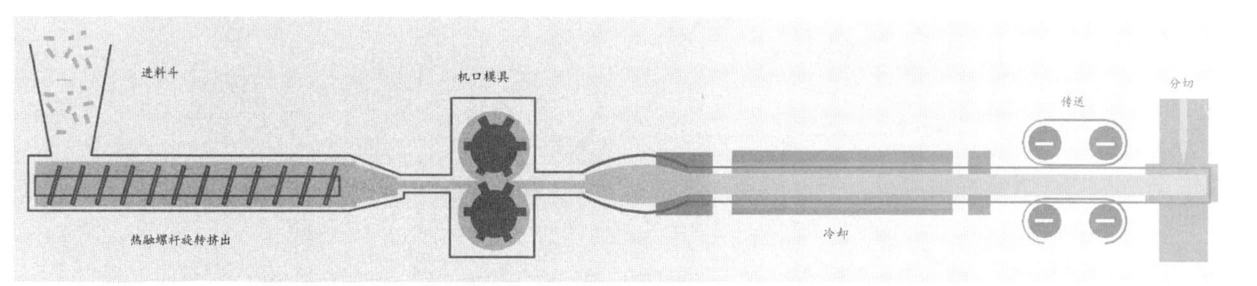

典型应用：

设备成本低，占地面积小，生产环境清洁，操作简单，自动化生产程和生产效率高。产品质量均匀，质地紧密，通过机头模具形状来控制横截面的产品形态，可生产各自形状的产品和半成品。大部分热塑性高分子材料，例如：PVC、PS、ABS、PC、PP、PET、TPU、PA、PMMA 等等

挤塑工艺应用趋势：

（1）大型化和精密化。实现挤出成型设备的大型化可以降低生产成本，这在大型双螺杆造粒机组、吹膜机组、管材挤出机组等方面优势更为明显。

（2）模块化和专业化。模块化生产可以适应不同用户的特殊要求，缩短新产品的研发周期。

（3）智能化。对整个挤出过程的工艺参数如熔体压力及温度、各段机身温度、主螺杆和喂料螺杆转速、喂料量，各种原料的配比、电机的电流电压等参数进行实时监测，并采用电脑闭环控制。

4.1.4 吹塑

工艺简介：

吹塑成型是热塑性加工的重要加工方法之一，用挤出、注射等方法制出管装型坯，然后将压缩空气通入处于热塑粘贴的型坯腔体中，使其膨胀成为所需要的形状塑料制品。吹塑工艺随着高密度聚乙烯的生产和成型机的技术发展，得到了广泛的应用，中空容器的体积可以达到数十升，目前许多生产流程已经开始采用数控智能化的技术。根据型坯制作方法，吹塑工艺可分为中空吹塑和薄膜吹塑两大类，其中中空吹塑又可分为挤出、注射、拉伸三种类型。

工艺流程图：

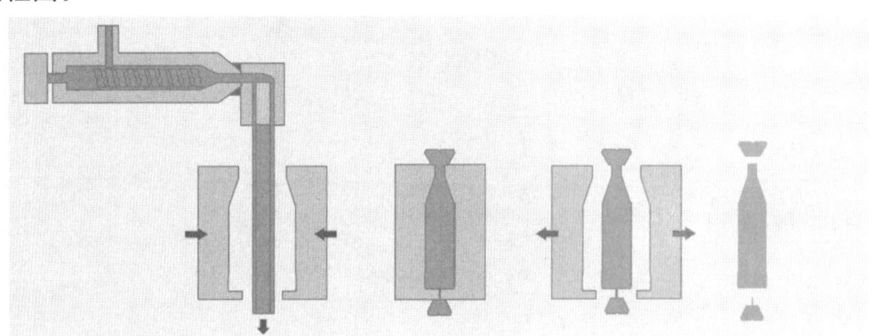

典型应用：

吹塑制品应用广泛，尤其是饮料和药品行业的包装使用量最大，玩具行业应用也很广泛。常见的产品如：婴儿奶瓶、儿童中空玩具、灯罩，儿童自行车配件以及目前公园和活动中心大量使用的儿童游戏设施、大型玩具（轨道滑梯、板凳桌椅等）。

吹塑工艺应用趋势：

（1）PEN 类材料，强度高，耐热性好，气体阻隔性强，透明，耐紫外线照射，可适用于吹制各种塑料瓶体，并且填充温度高，对二氧化碳气体、氧气阻隔性能优良，且耐化学药品。

（2）辅助操作包括去飞边、切割、称重、钻孔、检漏等，其过程自动化是发展的趋势之一。

（3）随着吹塑工艺生产精度的提升，对外观造型的还原度越来越高，对于个性化的外观创意效果表达也会越来越精准。

4.1.5 模压

工艺简介：

模压成型（又称压制成型或压缩成型）是先将粉状、粒状或纤维状的塑料放入成型温度下的模具型腔中，然后闭模加压而使其成型并固化的作业。模压成型可兼用于热固性塑料，热塑性塑料和橡胶材料。模压成型工艺是利用树脂固化反应中各阶段特性来实现制品成型的，即模压料塑化、流动并充满模腔，树脂固化。在模压料充满模腔的流动过程中，不仅树脂流动，增强材料也要随之流动，所以模压成型工艺的成型压力较其他工艺方法高，属于高压成型。

工艺流程图：

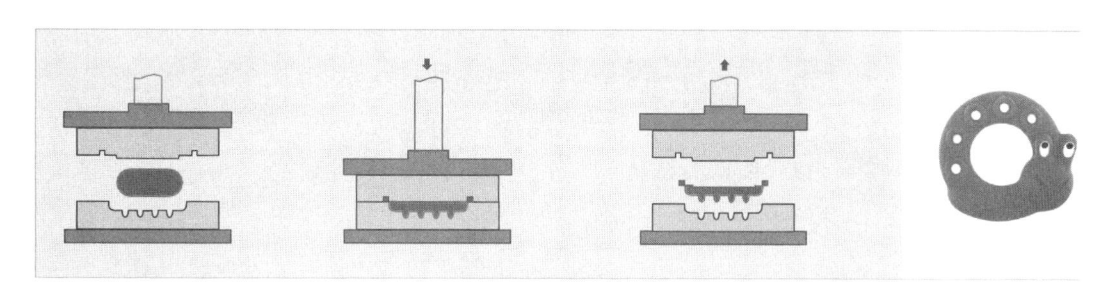

典型应用：

运动鞋底的制造一般都会用到模压工艺，首先是从鞋底造型和纹理设计，然后是制作模型修正模型，根据模型来制作压型模具，或者硅胶模具，再用不同的材料批产。

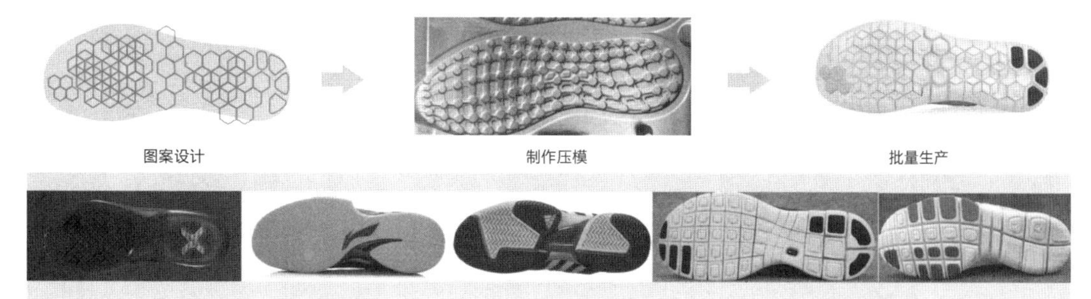

4.1.6 吸塑

工艺简介：

吸塑工艺，主要原理是将平展的塑料硬片材加热变软后，采用真空吸附于模具表面，冷却后成型，广泛用于塑料包装、灯饰、广告、装饰等行业。采用吸塑工艺将透明的塑料硬片制成特定凸起形状的透明塑料，罩于产品表面，起到保护和美化产品的作用，又名泡罩、真空罩、塑料面罩。按泡壳的形式不同，又可分为单泡壳、双泡壳、插卡泡壳和吸卡泡壳。

工艺示意图：塑料片材—切割—片材固定—加热—成型—脱模—去料边—成品

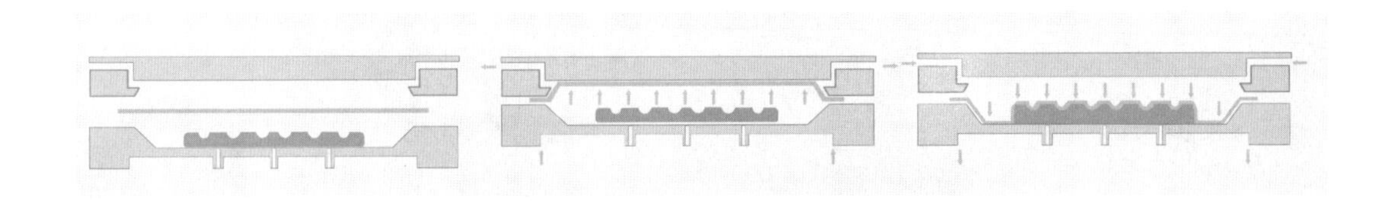

吸塑工艺应用趋势：

吸塑工艺多应用在食品包装的制造和生产行业，所以对材料本身的环保性、健康性和拉伸成型性能要求越来越高。

吸塑产品常用的片材料有PVC、PET、PP、PS以及在这些材料基础上的植绒片材、镀金片材等表面不同肌理质感的片材。

4.2 塑料表面处理工艺

4.2.1 概述

塑料材质通过模具注塑成型就可以生产完全是成品的零部件。通过不同的表面处理工艺对塑料件表面进行装饰,使塑料件具有丰富变化的外观效果,可以立即使用或与其他部件组装。通过表面处理可以进一步改善注塑件的质量。注塑件表面美化有若干原因，常见的是产品的外观价值，可使产品更受用户青睐。有时则可能需要满足功能需求如提高工件的耐磨强度或抗划伤能力。那么常见的注塑件表面处理方法有哪些呢?

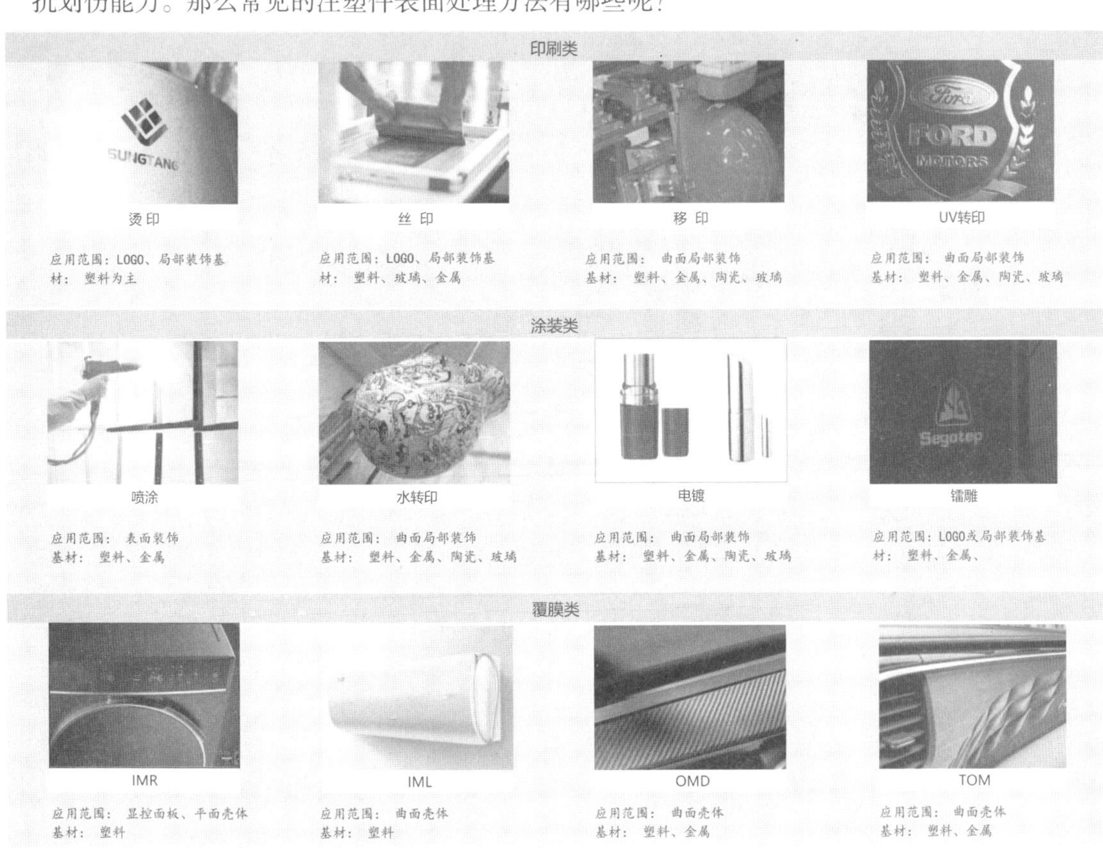

4.2.2 覆膜装饰工艺

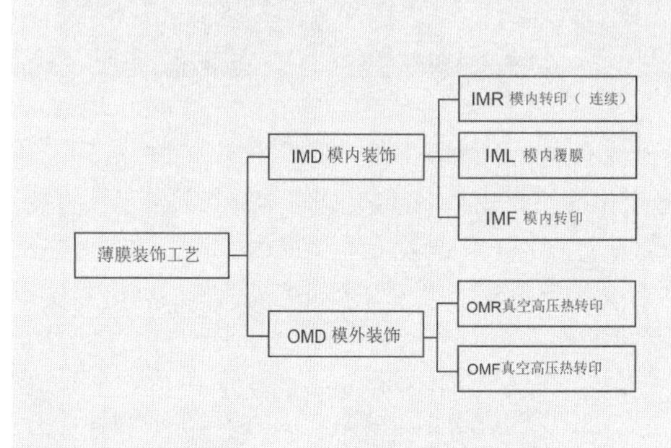

覆膜装饰工艺分为模内和模具外两大类。模内装饰工艺是以 IMR、IML、IMF 为主的工艺类型；模外装饰是近年兴起的，以 OMD、TOM 为代表的模外装饰工艺。模内覆膜装饰工艺在家电及 3 C 电子产品中应用比较多，模外装饰工艺在汽车内饰以及医疗器械机器人行业应用比较广泛。

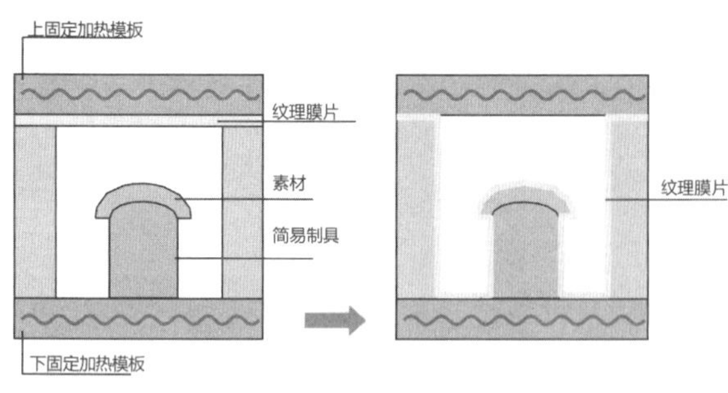

OMD：模腔抽真空，上下固定模板加热，上模板加高压将膜片包裹在素材上

OMD 表面装饰工艺，不需要开发特殊的模具，成本低。覆膜件纹理设计限制较少，膜片覆盖可到样件背面倒勾，外观整体性好。膜片纹理可纹理膜片以实现特殊肌理和质感，可加工的样件材质没有限制，注塑件、金属件、玻璃等等都可以进行 OMD 覆膜加工，CMF 设计可发挥空间大，同一个样件，表面只需要更换不同的膜片设计，就可以实现外观升级换代。

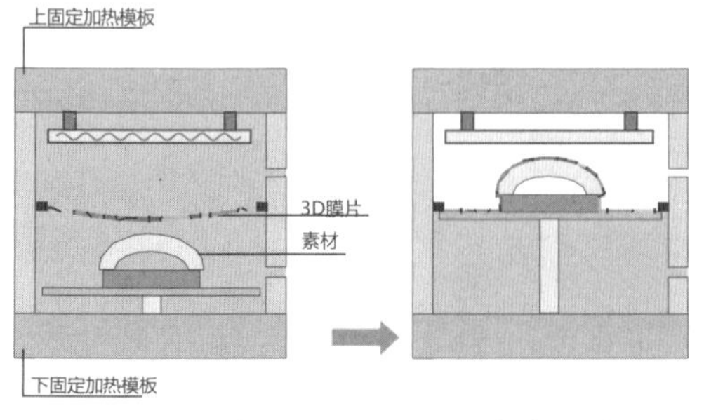

TOM：模腔上部加热3 D膜同时抽真空，使3 D膜包覆在素材样件表面

TOM 是一种可实现更高品质外观效果的 3 D 表面装饰工艺，属于 3 D 的外观装饰技术。通俗来讲，就是第三代的 OMD（膜外装饰工艺），结合色彩、纹理等质感效果于一身，可做复杂曲面装饰。目前可以采用热压气压及液压等不同的方式来进行产品外观件包覆，通过膜片的不同效果可以装饰成各种仿其他材质的表面效果，比如木纹、石纹、皮革、碳纤维、纸布等，一般与之对标的工艺有水转印热转印等印刷类技术、镀金喷涂、IMD 等装饰技术。

4.3 金属成型工艺

4.3.1 金属成型工艺概述

金属材料的性能决定着材料的适用范围及应用的合理性。金属材料的性能主要分为四个方面：机械性能、化学性能、物理性能、工艺性能。金属成型工艺可以分为三大类：第一为铸造类，例如熔融铸造、砂模铸造；第二类为塑性加工类，例如压铸、锻造；第三类为切削及特殊工艺，例如线切割、金属 CNC 等等，是人类最早知道的金属成型方法之一。铸造工艺是一个统称，其中包括熔模、砂模、压铸、锻造等等，其中熔模和砂模是应用最早的两种金属铸造工艺。

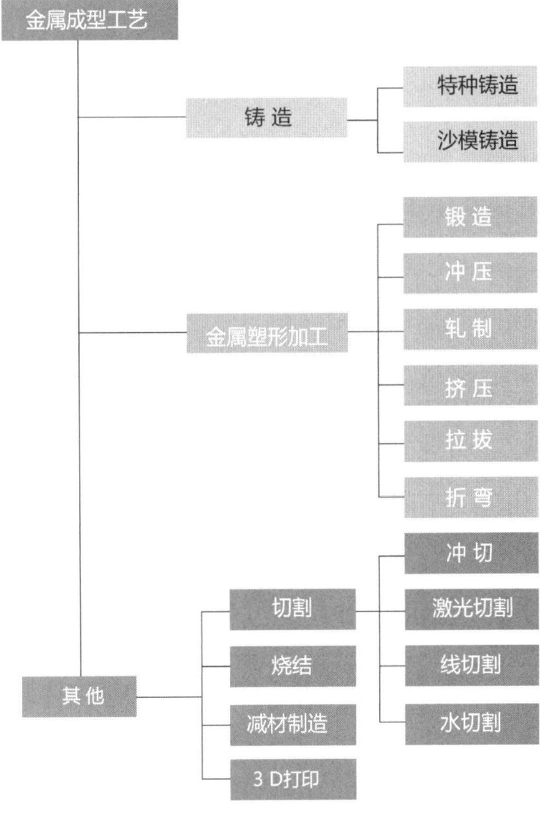

4.3.2 铸造

金属铸造工艺是人类最早知道的金属成型方法之一。它一般是将熔融金属倒入耐火模具型腔中，并将其凝固。凝固后，所需的成品是从难冶塑的模具中要么打破模具，要么分开模具的方法取出的，这个凝固的成品称为铸造产品，这个过程也称为铸造过程。

金属铸造按类造型方法习惯上分为：普通砂型铸造，包括湿砂型、干砂型和化学硬化砂型 3 类；特种铸造。

金属型铸造，铸件质量稳定，表面粗糙度优于砂型铸造，废品率低。金属型导热系数大，充型能力差。金属型无退让性，易在凝固时产生裂纹和变形。

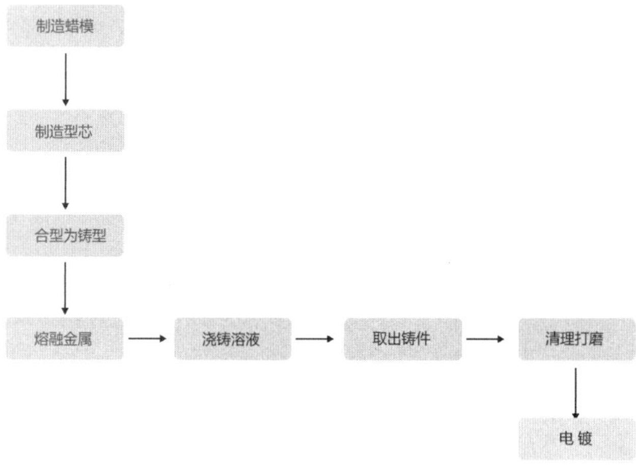

典型应用：

劳斯莱斯的车标并不是金的，是铸钢件。1911 年至今，每尊欢庆女神雕像都是使用“脱蜡铸造工艺”打造而成的，磁铁能吸得住。它的制作工艺主要是采用浇铸工艺加工的。浇铸成型后要经过开胚、粗抛光、细抛光后再进行电镀镍铬合金。但是并不是说所有的车标都一样，车主在购车的时候是可以选择的，只要想把车标换成金的，是可以定制的。

铸造工艺应用发展趋势：

铸造产品的趋势是要求铸件有更好的综合性能、更高的精度、更少的余量和更光洁的表面质感，此外节能环保的要求也越来越高。为适应这些要求，新的铸造合金材料逐渐替代传统的单一的铸造材料，铸造设备的自动化程度会不断提高。同时质量控制技术和各道工序的检测和无损探伤，应力测定技术方面也有新的提升。

4.3.3 低压铸造

工艺简介：

低压铸造是指使液体金属在较低压力（0.02 ~ 0.06 MPa）作用下充填铸型，并在压力下结晶以形成铸件的方法。

工艺流程图：

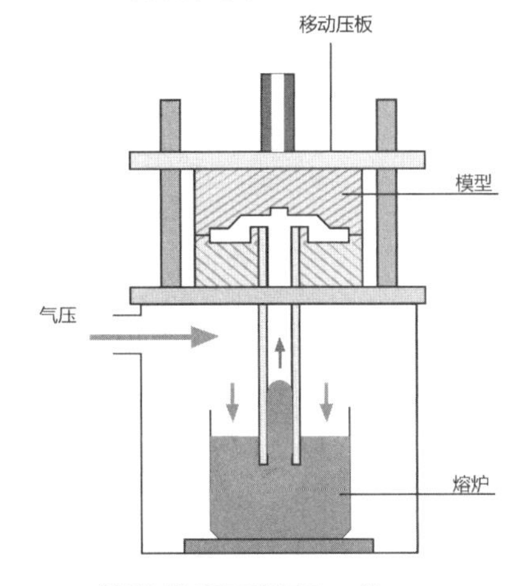

技术特点：

（1）浇注时的压力和速度可以调节，故可适用于各种不同铸型（如金属型、砂型等），铸造各种合金及各种大小的铸件。

（2）采用底注式充型，金属液充型平稳，无飞溅现象，可避免卷入气体及对型壁和型芯的冲刷，提高了铸件的合格率。

（3）铸件在压力下结晶，铸件组织致密、轮廓清晰、表面光洁，力学性能较高，对于大薄壁件的铸造尤为有利。

（4）省去补缩冒口，金属利用率提高到 90% ~ 98%。

（5）劳动强度低，劳动条件好，设备简易，易实现机械化和自动化。

轮毂的表面处理工艺：

喷涂

电镀

拉丝

喷涂/抛光

喷涂/切削

水转印

4.3.4 切削

金属切削加工工艺：

金属切削工艺是以车、铣、刨、磨、钻、镗为基础的一种现代化工艺。加工效率与精度是金属加工领域追求的永恒目标。随着数控技术、计算机技术、机床技术以及车铣复合加工工艺技术的不断发展，传统的加工理念已不能满足人们对加工速度、效率和精度的要求。在这样的背景下，复合加工技术应运而生。

典型应用：

苹果系列产品的外观材料，最有名的莫过于铝合金，采用铝合金材质是表达“无暇”的意象，为此他们采用了铝合金板材切削（一体成型）。切削工艺：碗状切削器，可加工脱模死角，减轻重量呼吸灯采用镭射打孔，30 微米人眼看不到的细孔，从内部透光，不工作状态下，表面完全看不到呼吸灯的位置。镭射工艺：苹果笔记本 LOGO 采用，镭射镜面处理，和整体磨砂质感铝合金形成质感反差。

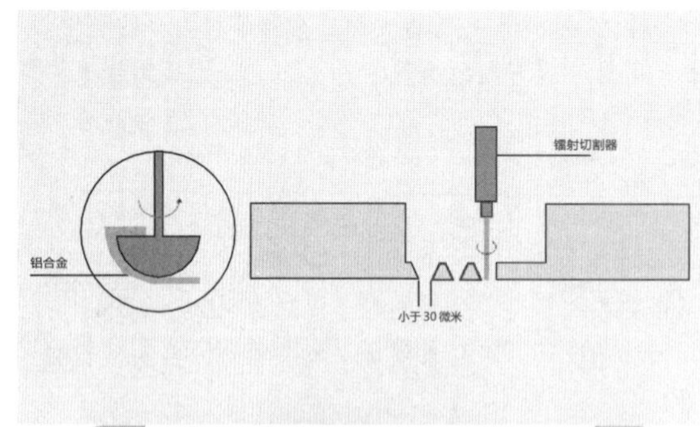

苹果笔记本电脑外壳，采用整块铝合金材质，通过切削工艺加工而成，所以外观整体性以及结构的整体性比模具冲压的外壳结构要好很多，单件外壳的加工效率和成本比模具冲压的生产效率要低，成本要高很多。苹果笔记本的睡眠状态指示灯，从工艺上来看是在机身上采用了激光打孔机身，使得里面的 LED 灯光可以透出来因为这些孔特别的小，所以在不亮灯的情况下，用户是看不到的，笔记本竟然睡眠状态，至少灯就会以呼吸灯的形式亮起白色灯光。

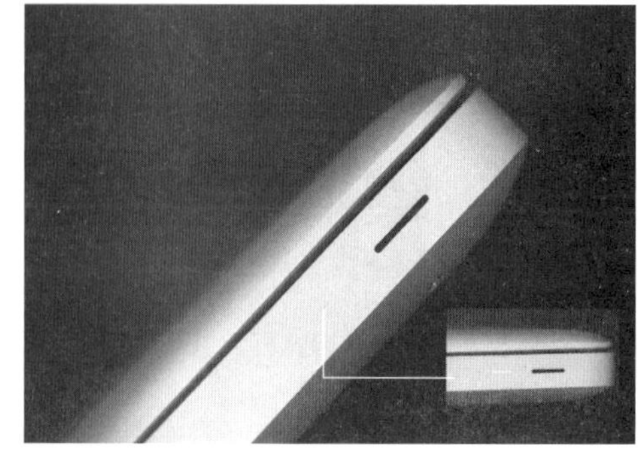

4.4 金属表面处理工艺

4.4.1 金属表面常用处理工艺

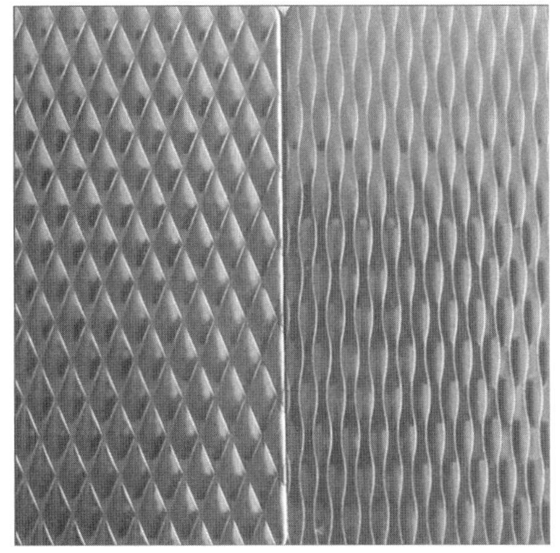

金属压花工艺：

金属压花是通过机械设备在金属板上进行压纹加工，使板面出现凹凸图纹，具备耐看、耐用、耐磨、视觉美观、易清洁、免维护、抗击、抗压、抗刮痕及不留手指印等优点。压花金属板材轧制时是用带有图案的工作辊轧制的，其工作辊通常用侵蚀液体加工的，板上的凹凸深度因图案而不同，最小可以达到 0.02 ~ 0.03 mm，通过工作辊不断旋转轧制后，图案周期性重复，所制压花板长度方向基本上不受限制。

工艺流程：

金属拉丝工艺：

拉丝工艺是一种金属等材质产品常见的加工工艺。在金属压力加工中，在外力作用下使金属强行通过模具，金属横截面积被压缩，并获得所要求的横截面积形状和尺寸的技术加工方法称为金属拉丝工艺。

第一种直纹拉丝是指在铝板等表面用机械摩擦的方法加工出直线纹路在高速运转的铜丝刷下。第二种是铝板前后左右移动摩擦所获得的一种无规则、无明显纹路的亚光丝纹。

工艺流程：

喷砂和阳极氧化工艺：

喷砂是利用高速砂流的冲击作用清理和粗化基体表面的过程。采用压缩空气为动力，以形成高速喷射束将喷料（铜矿砂、石英砂、金刚砂、铁砂、海砂）高速喷射到被需处理工件表面，使工件表面的外表或形状发生变化。

氧化是将工件放到导电液体中将工件挂在电源的正极（阳极）上通电使表面形成一层氧化膜，也称作阳极氧化。金属做氧化处理后，由于表面有一层氧化膜起保护作用，耐腐蚀，耐高温，耐摩擦。

工艺流程：

4.4.2 抛光

工艺简介：

抛光工艺有两类：一类是传统抛光，利用柔性抛光工具和磨料颗粒或其他抛光介质对工件表面进行修饰加工；第二种是电解抛光，抛光工件为阳极，不溶性金属为阴极，两极同时浸入电解槽中，通直流电进行电离反应产生有选择性的阳极溶液解，从而达到工件表面去除细微毛刺和增大光亮度的效果。

工艺流程：

局部研磨 → 整体研磨 → 粗抛光 → 细抛光 → 清洁 → 检验

典型应用：

卡普尔（Anish Kapoor）最知名的作品之一，芝加哥千年公园的云门，受到液态汞的启发。毋庸置疑，当时卡普尔提交的设计稿，赢得了委员会的信任，虽然设计颇具争议，但许多人认为无缝设计几乎是不可能的，而此时云门已经成为城市中最受欢迎的景点。这个雕塑由168块不锈钢板焊接在一起，它擦亮的外表之下，看不到接缝。尺寸为10米 ×20米 ×13米，重100吨。云门作为芝加哥艺术的象征，作为千禧公园的标志，应该是卡普尔的封顶之作了。立体的360度全立体的无缝焊接技术呈现出了一个艺术形态的镜子，把周边的建筑人群映照在类似芸豆样的艺术品里

不锈钢表面处理应用趋势：

材质反差搭配：不锈钢材质与橡胶材质，木材皮革等材质的反差搭配

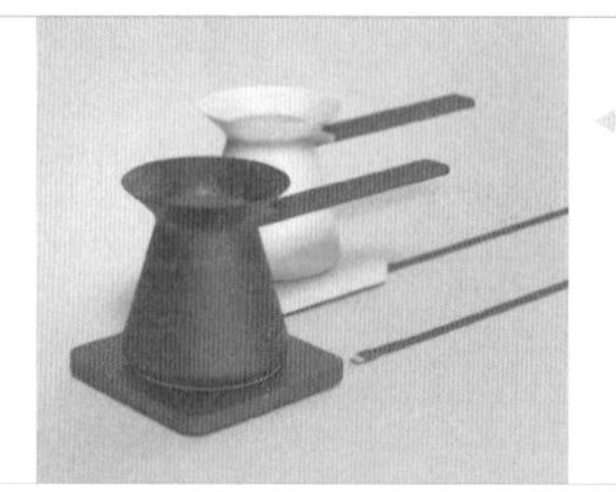

表面喷涂：不锈钢材质表面进行哑光喷涂，或者本色雾面处理，体现不锈钢材质的“内敛”和表面的磨砂“触感”

4.4.3 金属覆膜工艺

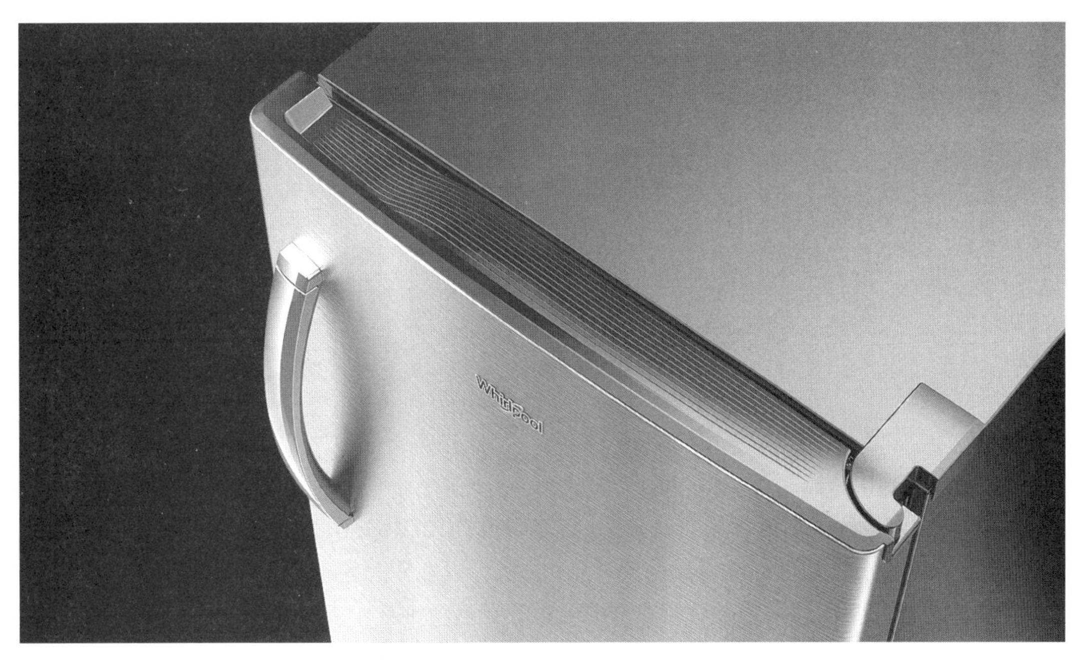

工艺简介：

金属覆膜工艺通常是指 VCM 覆膜板。VCM 即 PET/ PVC 贴膜彩色钢板，通常是指将镀锌基板进行表面处理后涂敷（辊涂）或黏结有机薄膜并烘烤而成的产品。VCM 产品即在金属表面复合 PVC 薄膜，使其牢固结合，又称 PET/ PVC 贴膜彩色钢板。该产品具有靓丽的外观、优异的加工性能、耐腐蚀耐刮伤等优点，且可实现低光到高光的不同效果。表面的膜材具备可印刷等特殊处理的特性，可表现出多种色彩及纹理效果。常见的家电外观应用 VCM 板材的例如冰箱面板，覆膜板金属质感可以做到和不真正的锈钢材质肉眼无法分辨。

VCM 板材生产流程：

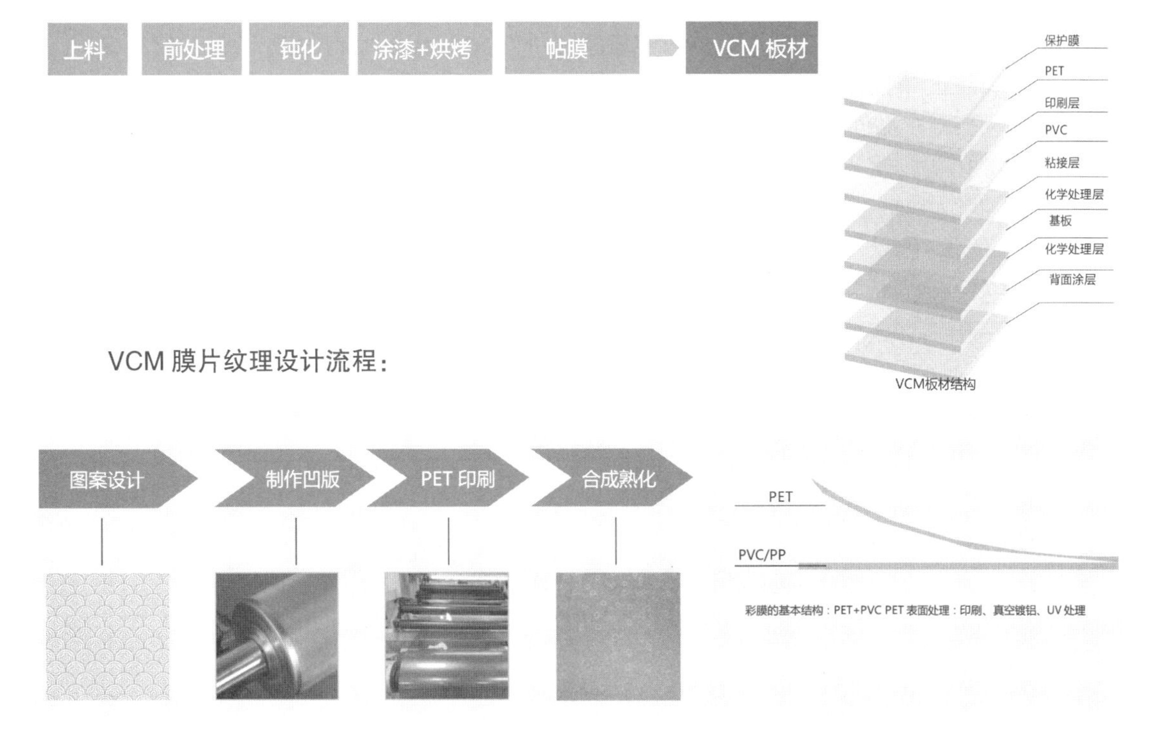

4.5　3D 打印工艺

3D 打印（Three Dimension Printing，简称 3DP）技术，是指通过连续的物理层叠加，逐层增加材料来生成三维实体的技术，与传统的去除材料加工技术不同，因此又称为添加制造或增材制造（Additive Manufacturing，简称 AM）技术，以前称为快速成型（Rapid Prototyping，简称 RP）技术。3D 打印工艺的优势及未来发展趋势有以下几个点：

（1）3D 打印将推动可持续生产。

3D 打印有一大好处——节省成本。3D 打印是典型的增材制造，大大减少了制造业产生的废物、库存和二氧化碳排放。从社会和环境的角度来看，3D 打印已经为企业提供了一种可持续的生产方式。

（2）3D 打印将给经济发展带来的机遇。

今时不同往日，3D 打印不再仅仅是原型制造，它已经成为制造终端产品的补充性技术。因此，在经济形势不确定的时期，越来越多的制造企业将把 3D 打印作为降低成本和规避风险的工具，3D 打印不再代表高成本和高风险，而是机遇。

（3）3D 打印将推动产品创新。

3D 打印技术快速高效的发展，为产品在原型的制造以及开发上增加了快捷的技术途径，同时还给设计、创意以及艺术表达插上了更加自由的翅膀。如今，人们对性能、美观度的要求日益提升，对产品创新的需求更加强烈。毫无疑问，3D 打印技术是推动产品创新的理想方式。

（4）3D 打印将为人工智能的发展释放潜力。

随着我国《新一代人工智能发展规划》的发布，人工智能正在逐渐融入制造业，驱动企业加快智能化升级。3D 打印技术作为制造业的关键制造技术之一，在人工智能的发展道路上占据了重要地位，也将为人工智能的发展释放巨大潜力。

（5）3D 打印人才更加专业化。

在 3D 打印行业快速成长的同时，国内外很多高校也都增加了 3D 打印相关专业，这将为 3D 打印行业源源不断地培养出更专业的人才，为行业发展提供智力保障和内驱动力。

（6）3D 金属打印技术破局。

金属 3D 打印技术发展中有三个重要的因素：设备、材料和工艺。目前在这三方面还有提高的空间。为了扩大 3D 打印技术的应用规模，金属 3D 打印技术正在朝着低成本、大尺寸、多材料、高精度、高效率方向发展，技术破局指日可待。

4.6　玻璃成型工艺

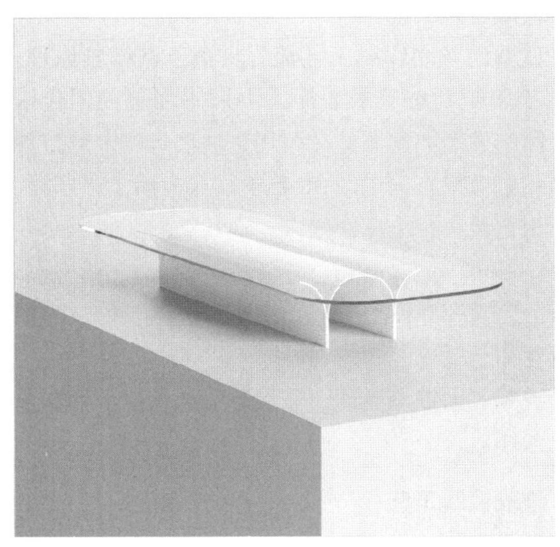

玻璃浮法成型工艺：

玻璃浮法成型，也叫锡液池成型工艺，一般是用来生产平板玻璃，也是工业化最成熟的玻璃生产工艺。因为玻璃与锡有不相同的黏稠性，所以浮在上方的玻璃熔浆与下方的锡浆不会混合在一起，并且形成非常平整的接触面。

工艺流程：

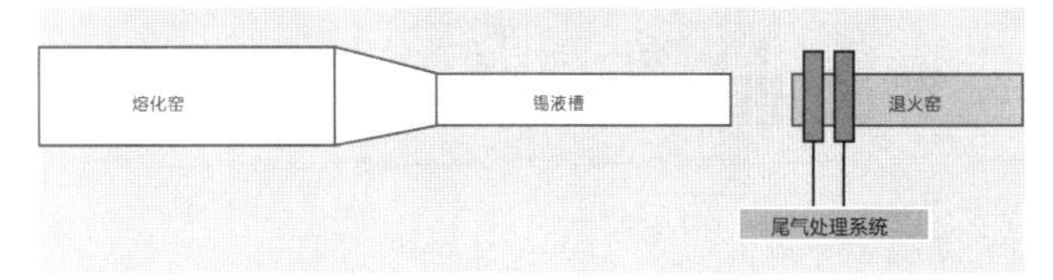

玻璃压铸成型工艺：

压制法：是将熔制好的玻璃注入模型，放上模环，将冲头压入，在冲头与模环和模型之间形成制品的方法。压铸法适合做敞口的玻璃器皿，例如玻璃杯、玻璃碗等器皿。

工艺流程：

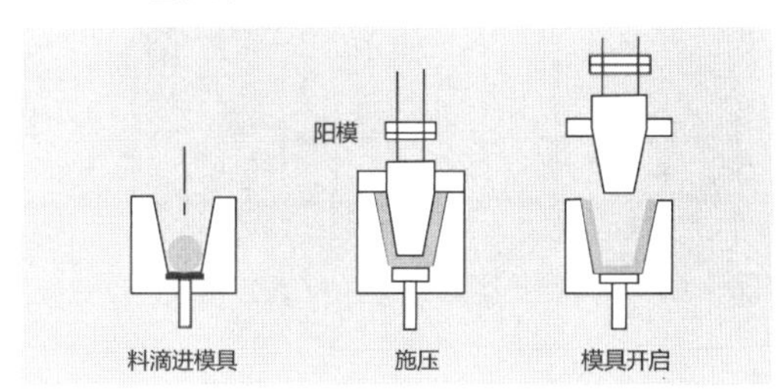

拉伸成型工艺：

拉伸法是将熔制好的玻璃注入模型，经过冷却器，采用机械的手段拉制成制品的方法。拉伸发分为压制和吹制两个步骤完成，先形成口部和雏形，再通过气压将玻璃熔液吹在模型内壁上制成造型。

工艺流程：

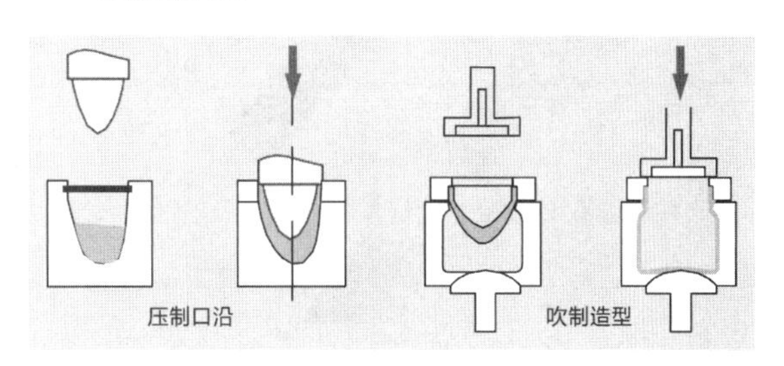

4.7 玻璃表面处理工艺

玻璃丝印工艺：

玻璃的丝网印刷工艺流程根据丝网印刷原理，将油墨印刷到玻璃的表面，再采用油墨的固化措施，印制的图案牢固经久耐用，玻璃丝印金属拉丝效果装饰效果在家电及3C电子行业应用十分广泛。

工艺流程：

绷网 → 上浆 → 干燥 → 晒板 → 玻璃裁切 → 玻璃清洗 → 印刷 → 干燥

丝印升级工艺：

玻璃表面蚀刻丝印、玻璃冰花丝印、玻璃表面雾化丝印。

玻璃镀膜工艺：

镀膜玻璃（Coated glass）也称反射玻璃。镀膜玻璃是在玻璃表面涂镀一层或多层金属、合金或金属化合物薄膜。镀膜工艺方法很多，主要有真空磁控溅射法、真空蒸发法、化学气相沉积法以及溶胶-凝胶法等。PVD真空渐变镀膜工艺的渐变是通过溅射成膜时改变玻璃基片上中下区域的成膜厚度，从而形成特定的彩虹色光带，难点就在于光谱色的渐变区间非常难把控，需要不停调整溅射机内部的修正板控制玻璃不同区域的光学厚度。

随着3D玻璃在5G手机上的广泛应用，玻璃镀膜技术有了新的发展，主要有类钻石镀膜、AG（抗眩晕）镀膜，AR抗反射镀膜、AF（抗指纹）镀膜、渐变镀膜等等。

玻璃雾化及喷砂工艺：

玻璃雾化及喷砂工艺，是两种常用的玻璃表面磨砂处理工艺，两种工艺都能达到磨砂效果，雾化效果的触感更加细腻，一般雾化效果用化学腐蚀的方法来实现。喷砂工艺处理过得玻璃表面稍粗犷一些，颗粒感更强。喷砂工艺用高压空气将金刚砂等微粒喷吹到玻璃表面，玻璃表面产生砂痕，它可以雕蚀出线条、文字以及各种图案，不需加工的部位用橡胶、纸等材料作为保护膜遮盖起来。

彩色夹胶玻璃：

两层玻璃的中间用彩色胶片（是 PVB 也可以是 EVA 的彩色片材）来合成的彩色夹胶玻璃，它具有夹胶玻璃的安全性同时比普通透明玻璃更能满足客户在建筑装饰上的色彩多样化需要求。彩色夹胶玻璃中间也可以用各种各样的纸、布料、网纱、等装饰材料，也叫作夹丝玻璃。

彩色釉面玻璃：

釉面玻璃是指在一定尺寸切裁好的玻璃表面上涂敷一层彩色的易熔釉料，经烧结、退火或钢化等处理工艺，使釉层与玻璃牢固结合，制成的具有美丽的色彩或图案的玻璃。

应用新趋势：

最新的数码打印技术在玻璃表面彩釉上色并经过高温烧结使油墨完全附着于玻璃上，此类产品色彩鲜艳，安全环保。例如食品行业的蛋糕层板架、水果盘子，糖果碟等采用釉面玻璃工艺制造，高档玻璃器皿具有时尚、创新、个性、奇特、风格多样化的浓郁艺术风采。

玻璃抛光工艺：

玻璃抛光是用物理或化学方法去除玻璃表面划痕，提高表面透明度和折射率。

抛光工艺分类：

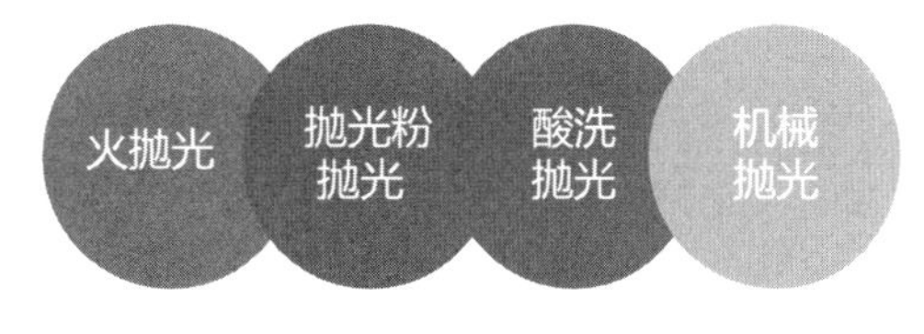

习　题

1. 不同材质用同一种工艺来做表面处理，达到的效果是否相同，请举例。
2. 批量生产过程中，工艺难度与材料成本如何协调？

05

CMF 工具

5.1 色卡

5.1.1 潘通（PANTONE）色卡介绍

PANTONE 是世界标准的颜色样本，有平面设计的色卡，还有纺织行业和塑料制品行业的颜色样本。在产品外观设计过程中，使用到 PANTONE 色卡的几率非常高。PANTONE 公司每年都会定期发布流行色，给各个行业的设计师作为配色参考。（PANTONE 发布的 2021 年流行色见下图）

20 多年来，PANTONE 年度代表色已经影响众多产业的产品开发与采购决定，包括服装、家饰纺织品和工业设计，以及产品、包装和平面设计。

PANTONE 年度代表色的选择过程需要周全的考虑与趋势分析。每年为了挑选代表色，PANTONE 色彩研究所的色彩专家搜寻全球影响色彩的新元素。这可能包括娱乐产业与制作中的电影、巡回中的艺术展览与新的艺术家、时尚、所有的设计领域、热门的旅游景点，以及新的生活风格、玩乐方式和社会经济状况。影响因素也可能来自新的科技、材质纹理及影响色彩的加工效果，相关的社群媒体平台，甚至是即将来临、全球瞩目的运动盛事。

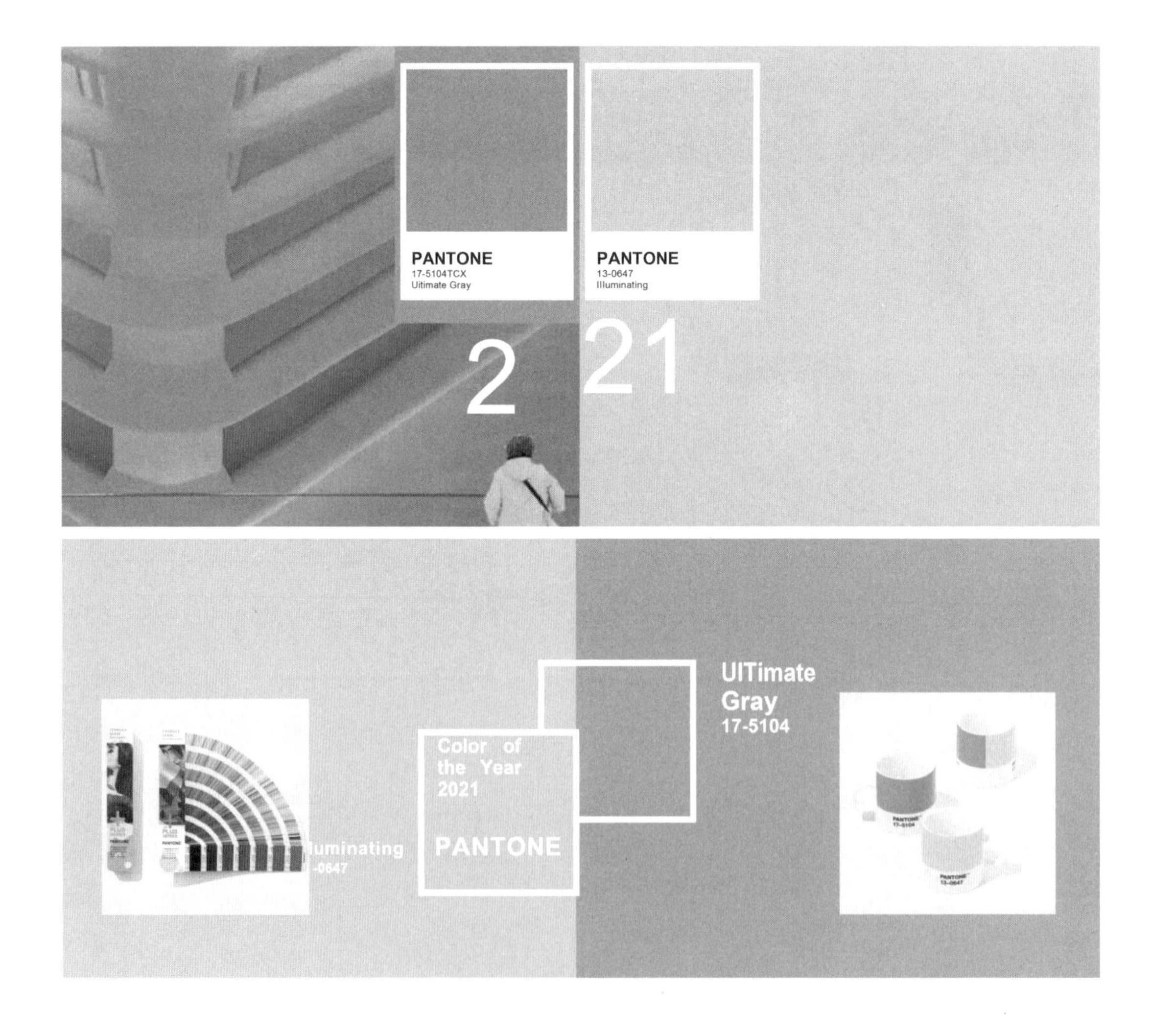

5.1.2 PANTONE 色卡分类说明

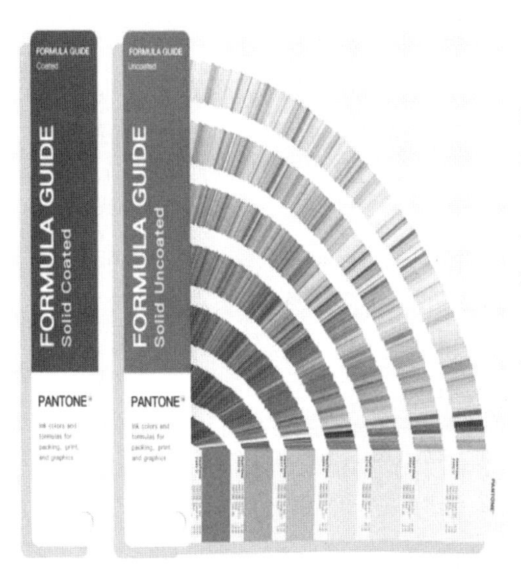

PANTONE 潘通配方指南国际标准通用 CU 色卡

CMF 设计师最常用的色卡是 Pantone CU 色卡套装，C= Coated 光面铜版纸；U= Uncoated 哑面胶版纸，分别呈光和哑两种光泽。色号由 1 至 7 打头，以 C 或者 U 结尾，如 PANTONE 356U。Pantone 色卡 C 卡是亮光的，U 卡是哑光的，里面的色号是一模一样的，现在市场上用亮光的产品比较多，光面的那本印刷行业用的最多 CU 色卡国际标准 1867 色，设计师用的最多的 CU 色卡。

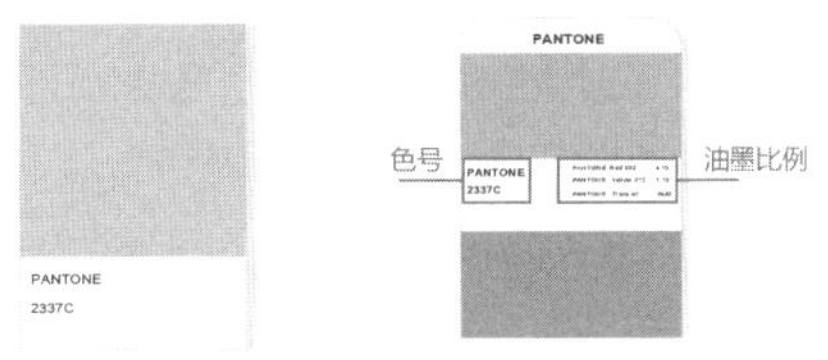

应用范围：丝印、喷涂、注塑等。

PANTONE 潘通国际标准金属色卡

除开 CU 套装，CMF 设计师还可以备一本金属色，金属色有编码 8 字开头的金属色指南或编码 10 字开头的高级金属色指南。高级金属色指南(Premium Metallics Guide ）是通用金属色的环保升级版。高级金属色的颜料成分去除了所有的铅颜料及铬，但仍保持银粉（珠光粉）的效果。因此更为环保，符合欧洲国家与世界其他地区的标准

应用范围：烫印、电镀、阳极氧化等。

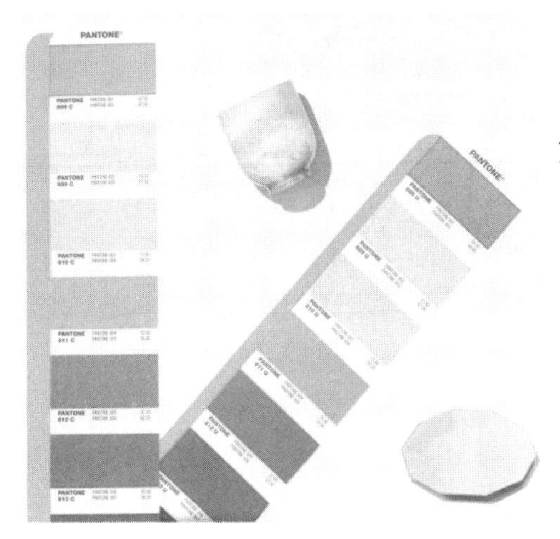

PANTONE 潘通色卡粉彩色 & 霓虹色号

除开 CU 和金属色，还有个 PANTONE 粉彩色 & 霓虹色色卡 9 字开头色彩，也比较常用。

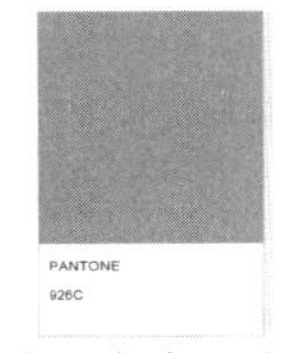

应用范围：印刷、喷涂、注塑等。

5.1.3 劳尔色卡介绍

德国欧标色卡，中文译为劳尔色卡。1927 年，德国 RAL 涉入色彩时，创建了一种统一的语言，为丰富多彩的颜色建立标准统计和命名，这些标准在世界范围内被广泛地理解和应用。4 位数的 RAL 颜色作为颜色标准已达 70 年之久，至今为止已发展到 200 多种。无光泽的颜色基础色卡为 RAL-840HR，有光泽的为 841-GL，这些颜色基本色块满足了大范围的应用，已被许多重要公司及研究机构所使用。RAL-840HR 及 RAL-841GL 颜色注册都作为颜色样本应用于设计中。

RAL 设计系统为专业色彩设计而开发的配色系统。它以一个有规律次序排列的 1 625 种颜色，所有这些 7 个数字的色彩明暗被划分为单独的 RAL 颜色。这和 RAL 古典颜色标本之间的不同是 RAL 设计系统的颜色代码不是任意排列的。它们显示了色度、明亮度及色彩之强度的工业技术测量值。

例如：RAL 2106030 是一个色度 210、亮度 60、色彩强度为 30 的颜色色调。如果你希望将这个颜色色调同一个更亮的色调结合，你可以选择 RAL 2107030，从而你可以得到一个具有更高亮度 70 的颜色，两种颜色的另两个特性将保持不变。使用这个系统，协调的颜色结合的产生变得十分容易。

劳尔色彩离我们的生活其实并不遥远，也可以说它存在我们生活的方方面面。劳尔制定的标准色彩被广泛运用于各个领域：物流交通、建筑领域、室内设计、结构元素、企业设计、特殊设计等。举几个例子来说，交通信号灯、灭火器、家居设计，欧洲很多知名企业的 logo 和产品，甚至是德国国旗均涉及到劳尔色彩的应用。劳尔色彩建立 90 多年来，获得的国际奖项数不胜数，他们所制定的色彩标准被全世界各地色彩领域从业者运用至方方面面，是当之无愧的色彩研究大师。

劳尔色卡

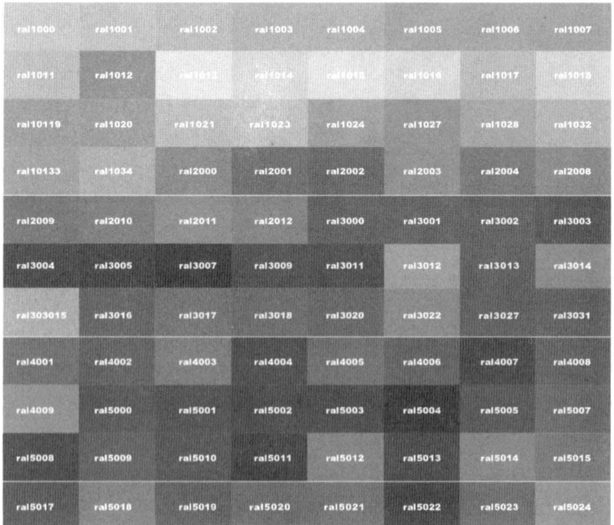

RAL色彩系统为设计开发的配色系统共1625种颜色

5.1.4 PANTONE 色卡与劳尔色卡的区别

根据实际使用经验，PANTOME 色卡颜色是印刷色，主要在印刷、包装行业流行。印刷行业几乎是 PANTOME 的天下，但是 PANTOME 色卡用来做涂料油漆调色就比较麻烦。相比之下，劳尔色卡因为是涂料涂布的色卡，保色性更好。劳尔色系多用于喷涂漆膜行业，调色就相对简单得多。劳尔在涂料油漆、工业产品、涂装行业广泛引用，如铝合金门窗行业基本上全是用劳尔色卡，主要是因为门窗上的金属材料需要喷一层漆。其中在工业品上，尤其是涂层的东西，一般使用劳尔色卡 K7 型号的产品，颜料色浆行业主要用劳尔 K7/K5 型号的产品。总结来说，两者各有优势，在印刷业推荐 PANTOME，在涂料油漆行业推荐劳尔。设计师在选型哪种标准色卡的时候，可以根据自己的应用行业来判断到底选择 PANTOME 色卡还是劳尔色卡。

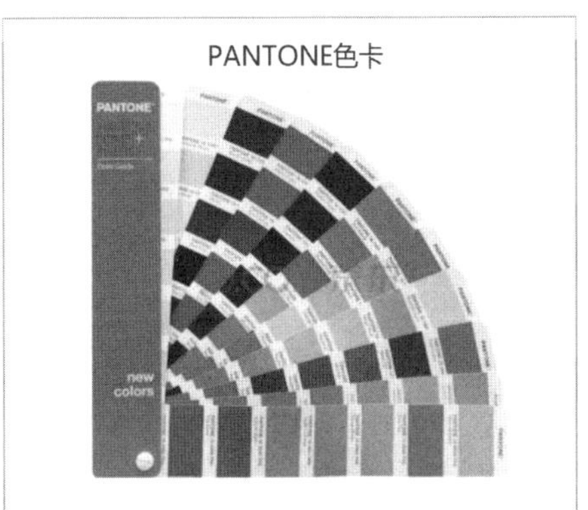

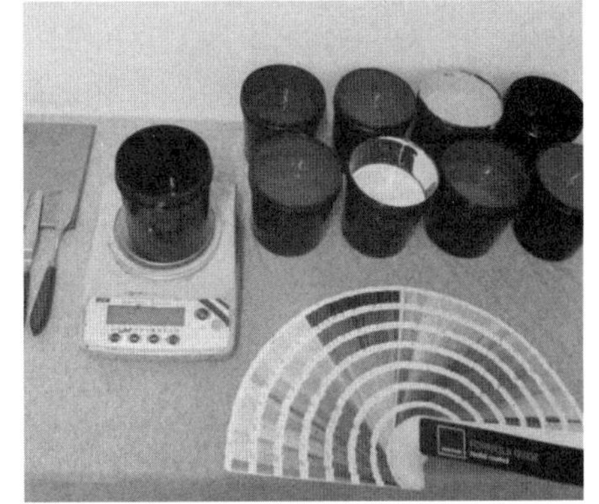

油漆

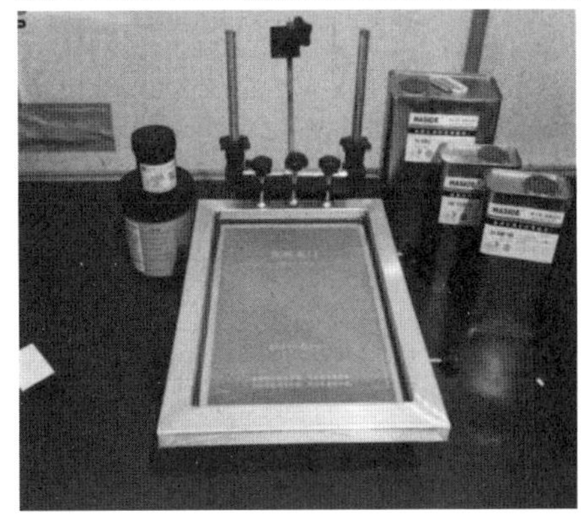

油墨

5.2 色差仪、灯箱

5.2.1 色差仪及对色灯箱介绍

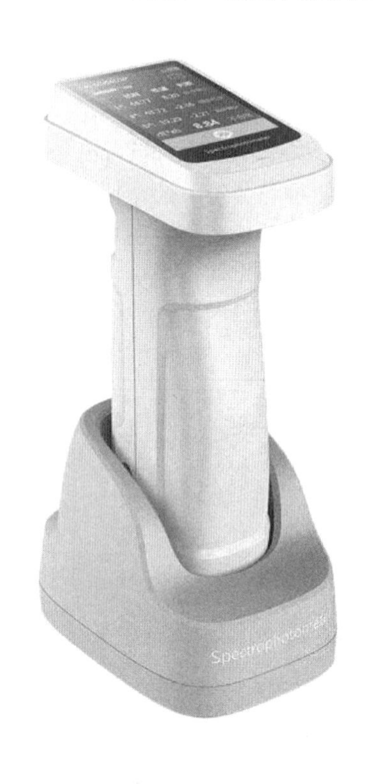

色差仪介绍：

想要大规模地使用与样品同样的颜色，这个时候需要反复打样。但单靠人工去识别之后所打出的小样和标准样品之间的差别，十分的困难，耗费的时间过长并且最后的这个差值很难确定。这种情况下，就可使用色差仪来辅助生产商进行生产，根据差值来确定样品的色差是否符合范围，这样可以提升生产效率、减少浪费成本。

色差仪广泛应用于塑胶及印刷行业。色差仪是模拟人的眼睛成像原理的高精度仪器，主要是根据 CIE 色空间的 LAB，测量显示出样品与被测试样品的色差 LAB 值，除了测量样品的反射色度外，也可测量吸收利率、亮度、各种色值。

色差仪选用需要注意以下几点：第一是根据所要测量的材质来选定，例如，金属表面的色差数据采集和注塑件（半透明件）表面的色彩数据采集不能用同一种类型的色差仪器。第二是选用色差公式常用的色差公式是 LAB 值。第三是看测量精度，主要是看重复性，每次打色差的数据都会一些区别，一个样件一般打三次同一位置，平均值在合理的色彩范围内，则为合格。

对色灯箱介绍：

因为光源和相关观察条件的不同，每一种材料的显色方式也存在着差异，这直接影响了人们对图像最终效果的判断，为了避免对物品颜色的误解，在产品生产过程中使用稳定的观察条件对各个行业就显得十分重要。所以标准光源灯箱就是能够模拟各种不同光源的设备。

检测样品尽可能放在灯箱中间，以减少外间光源的影响。另外，最重要的是在需要比较两件或以上物件的颜色时，也应尽量不要把它们重叠起来观察，最好并排地放在灯箱同进行比对。

对色灯箱标准光源主要有以下几种：

D65：国际标准人工日光（Artificial Daylight），色温 6500K，功率 18W。TL 84：欧洲、日本、中国商店光源，色温 4000K，功率 18W。

CWF：美国冷白商店光源（Cool White Fluorescent），色温 4150K，功率 20W。

F：家庭酒店用灯、比色参考光源，色温 2700K，功率 40W。

UV：紫外灯光源（Ultra- Violet），波长 365 nm，功率：20W。

TL83：欧洲标准暖白商店光源（Warm White），色温 3000K，功率 18W。

5.2.2 色差检测

“色差”的常规检测方法以“目测”为主，仪器辅助判定。

（1）目测：目视对比判定色彩是在自然光条件下和人造光源的环境下对样件色板进行目测。自然光状态是最常用的方法，因为不论什么产品，在自然光状态下观察是最简便的方式。色板样件在自然光状态下观察，要避免光线直射。人造光源一般用的是“对色灯箱”（对色灯箱一般提供：D65、TL84、CWF、F、UV 五种模拟光源，最常用的为 D65 光源，也叫标准光源），将所检测色板置于灯箱光源下，以正常裸眼（视力 1.0 以上）进行观察样件，要求无明显色差。

（2）仪器辅助判定：色差检测仪器一般有比较专业精准度高的“光谱仪”和便携的“色差仪”。光谱仪一般是在需要精准度高、测量稳定、大批量检测的时候来用。CMF 设计师一般接触最多的是便携式“色差仪”。色差仪一般检测样件表面的亮度、色度和色值，最常用的就是测量 LAB 值。利用色差仪，对标准样件的色值与检测样件之间的色值对，就可以达到管控色差的目的。

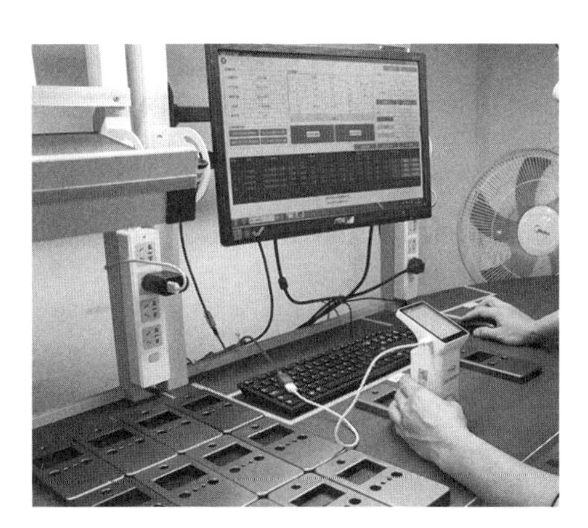

（3）在实际的产品生产过程中，生产商一般会用到测 Δ 值的大小来判断标准样件与所测样件之间的色差，Δ 值越小则色差越小。不同行业对 Δ 值的大小范围接受度不同。一般来说 Δ 在 0.5 到 1.0 之间是可以接受的。3C 电子行业的色差值范围一般在 0.2 以内。

色差仪一般都可以搭配专业色彩管理软件，可以最大化地提升所测样件的合格率，缩短检测时间。CMF 设计师熟练掌握和应用好色差仪通过控制色差数据和目测对比，能够更加高效地完成配色和色差管控工作。

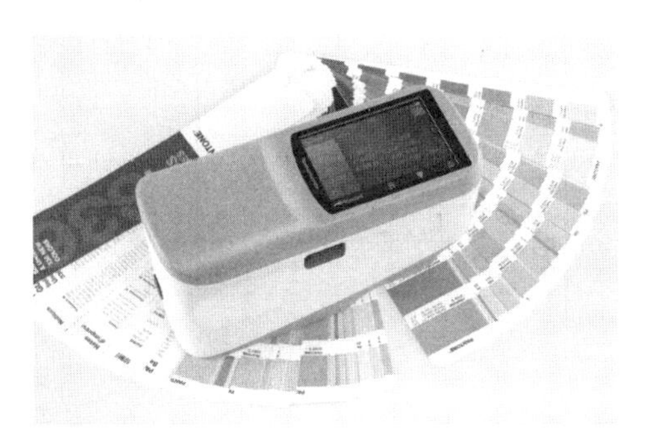

5.3　CMF 设计管理

5.3.1　色彩样件打样流程

色彩管理技术层面是指在产品设计及实际生产过程中，CMF 设计师，从 CMF 色彩方案的输出到材质性质确定，以及色彩样板的打样、确认，企业标准化色号申请、命名，色彩样板的管理,发放生产一线等管理流程的执行,以保证在整个过程中所执行的色彩标准的一致性。

（1）色彩命名：色彩命名是 CMF 设计的一个重要环节。色彩命名涉及色彩管理的标准化以及产品营销和市场推广等相关工作。所以色彩命名要考虑易读、易记、寓意美好、不带有歧义。色彩命名的常用规则有：①“色彩本身名称”前面和后面加上描述“明暗”或者“类比”的修饰词，比如“岩石灰”“极地白”“亮白”“磨砂黑”“孔雀绿”“胭脂红”“明黄”等。② 在色彩前面加上跟品牌相关的信息，比如“宜家蓝”“美的白”“星巴克绿”等等。

（2）色彩信息归档：将颜色进行编号分类归档管理，可以比较系统直观地呈现产品外观色彩的相关信息。色彩归档，一般将色彩名称、色值、工艺形式等信息登记，定期进行梳理，增加新的色彩或废除停止使用的色彩信息。

（3）色彩封样：对于确定进行量产的色彩样件进行最终封样，一般由负责批量生产的厂家，按照最终量产状态进行打样并提供给产品开发和工业设计相关人员进行封样确认，不同类型的工艺材料可确定色差值范围的“上下限标准”，以便生产过程中进行外观品质抽检和验证。

（4）样件管理：对于产品外观相关的色彩样件进行统一管理，有一定规模的企业，通常会有建有 CMF 样件室，按照不同的工艺类别进行整理统一管理，比如注塑色板可以将最终的封样件在固定的地方进行展示，以便随时可以查找。

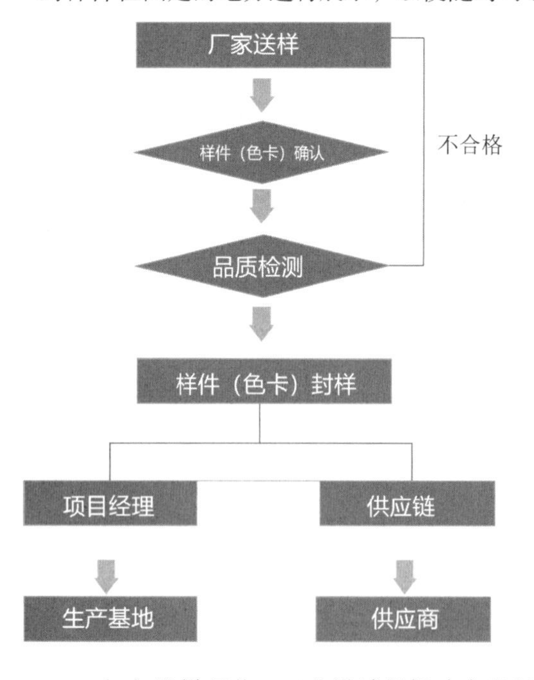

特征属性

色系	工艺类型	色号	命名	色号分级	LAB值			材料性质
白色		Sw 001	瓷白	限制	9.23	0.29	-1.57	ABS
灰色								

备注：　色号等级为色相相近颜色不能同时存在

（5）送样环节：工业设计根据确定的新品外观工艺要求启动打样流程，并且确认打样的初次效果，企业的品质部门负责进行检测样件（色板），例如注塑色板的光泽度、耐候（老化）检测完成后出具报告，工业设计根据外观色彩的要求，判断样件（色板）是否达到封样标准并出具最终样件检测报告，并完成封样。

5.3.2 样件管理

封样：

封样，是对产品的外观颜色、效果、材质的最终确认件。封样是终端产品生产企业对配件供应商的批量供货的标准件的认可，也是双方对后期供货和验收的标准实物样板。企业中的CMF设计师负责样件的打样推进和封样工作，一般从材质、颜色、表面质感几个方面进行判定是否达到封样标准（结构耐候测试已经合格的前提下）。

对于创新设计类外观样件封样之前要经过相关市场、企划等部门的确认，涉及颜色及特殊效果的样件，一般需要由主创设计师或者项目主管的确认。

样件的相关信息一般有“样件名称、工艺类型、产品型号、供货厂家、封样时间、封样负责人”等。一些品牌生产企业对企业的产品外观色彩进行研发体系的标准化管理，CMF设计师对新产生的色彩编号及命名都要进行“流程化”的申请工作，获批后纳入企业的标准化管理体系当中。

样件管理：

对于CMF设计师来说，各种样件的日常管理也是工作内容之一。样件一般可分为设计参考类和生产使用的标准封样件。设计参考类例如：行业最新的材料、配色方案打样件、新工艺样件等等。对于这两类样件一般都会有固定的地方进行收纳和管理。

用于生产的标准封样件，按照类别进行管理，色彩样件需要按封样周期进行样件更新，停止生产淘汰的产品样件要及时从管理系统中剔除或者注明停止使用。

习　题

介绍一种 CMF 设计行业实用工具的实用方法。

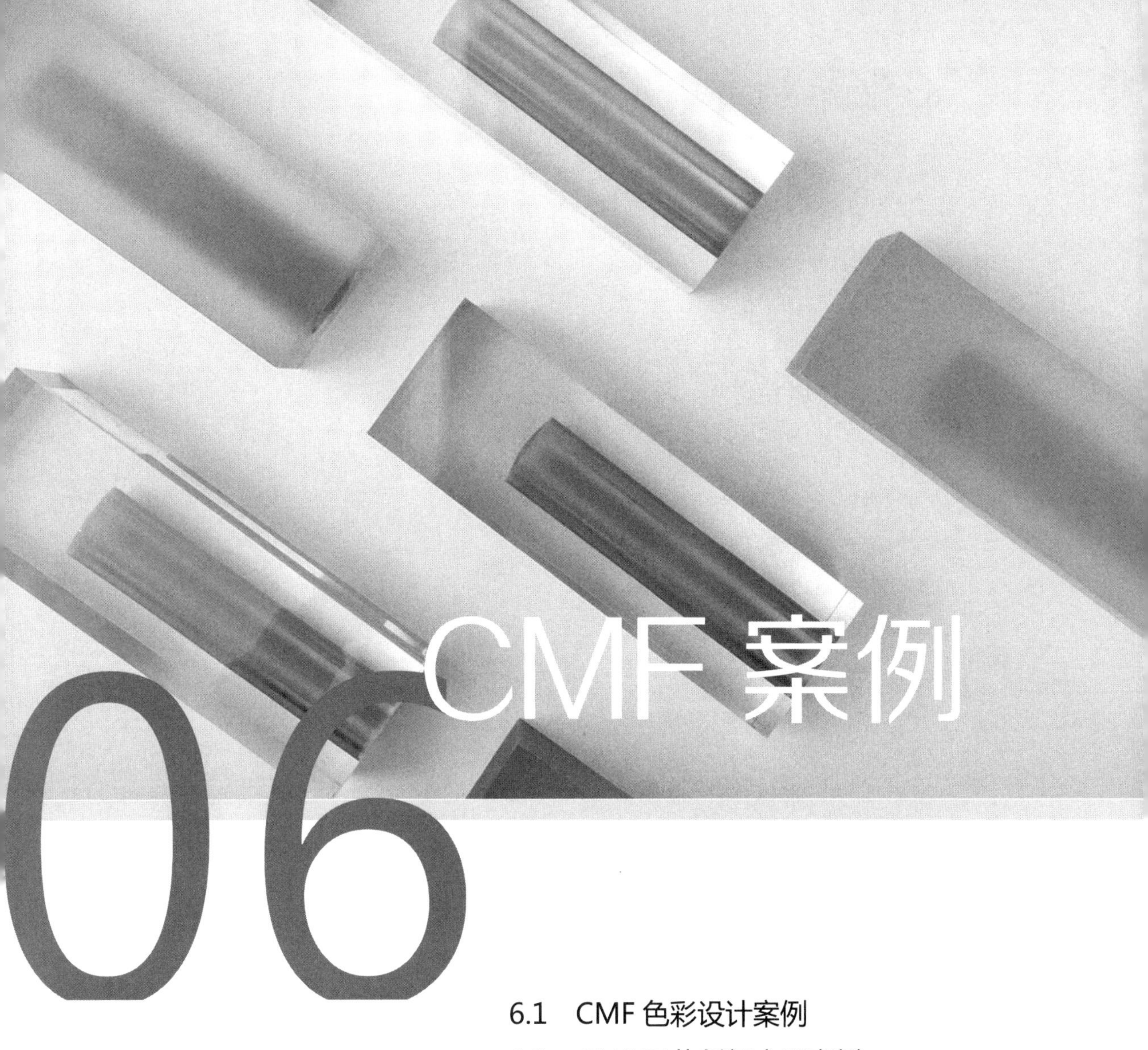

06 CMF 案例

6.1 CMF 色彩设计案例

01 步骤目录

CMF色彩设计流程

知识重点：1、色彩设计　　2、六个步骤

产品的 CMF 色彩设计，是指通过色彩维度的搭配给消费者视觉产生“情感共鸣”所做的色彩创新，其中包括产品色彩定义、色彩搭配、色彩实现、色彩管理和整合、这里的色彩维度是指色彩三要素：色相、明度、纯度，同时还包括色彩的搭配、材料应用、实现工艺、实现效果、工艺成本等因素。

A 设计需求分析

1、产品类别
2、设计内容
3、产品定位

B 色彩趋势分析

1、权威机构色彩趋势
2、目标产品行业色彩趋势
3、产品目标用户色彩分析

C 色彩方案设计

1、色彩选定
2、色彩搭配

D 配色方案输出

1、2D效果
2、3D效果
3、色彩命名

E 色彩工艺制定

1、工艺说明
2、色号选择

F 样机制作与评审

1、样机制作
2、效果跟进
3、组织评审

02 需求分析

CMF色彩设计流程

知识重点：1、设计输入需求

设计需求分析

产品类别
设计内容
产品定位

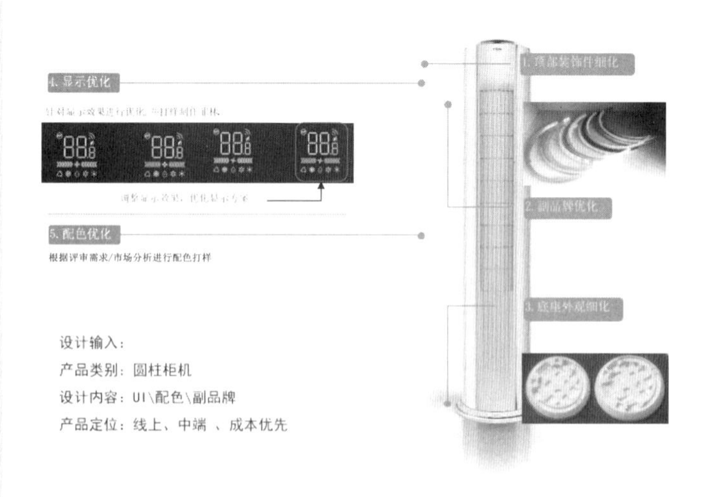

03 色彩趋势分析

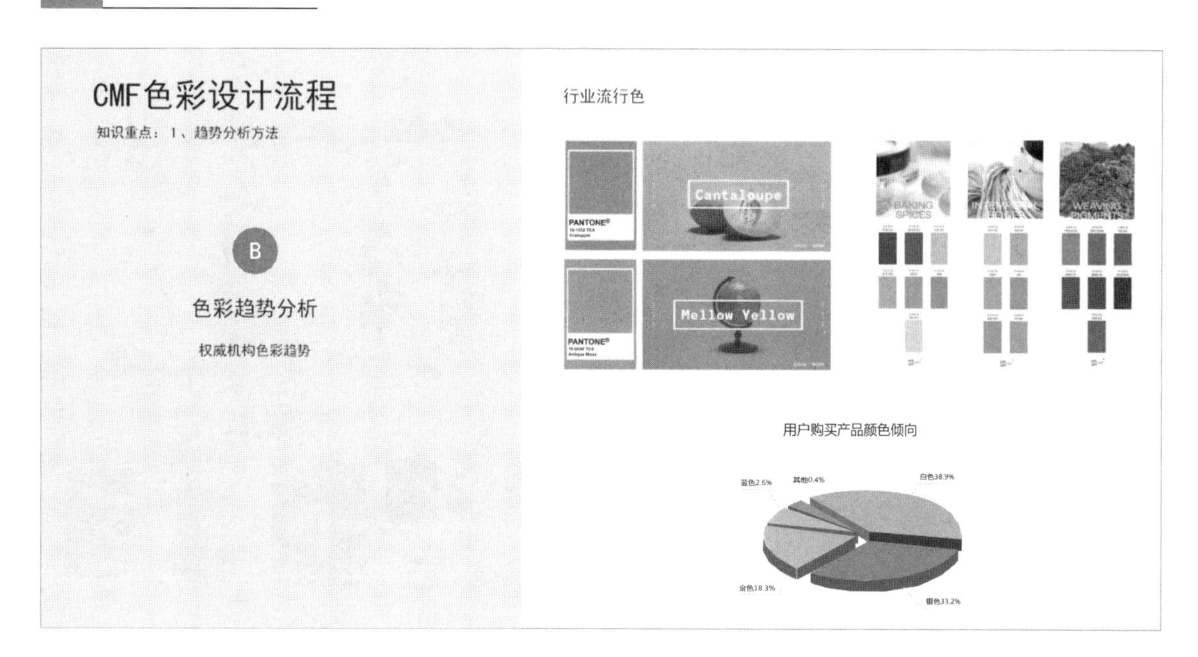

04 品类趋势分析

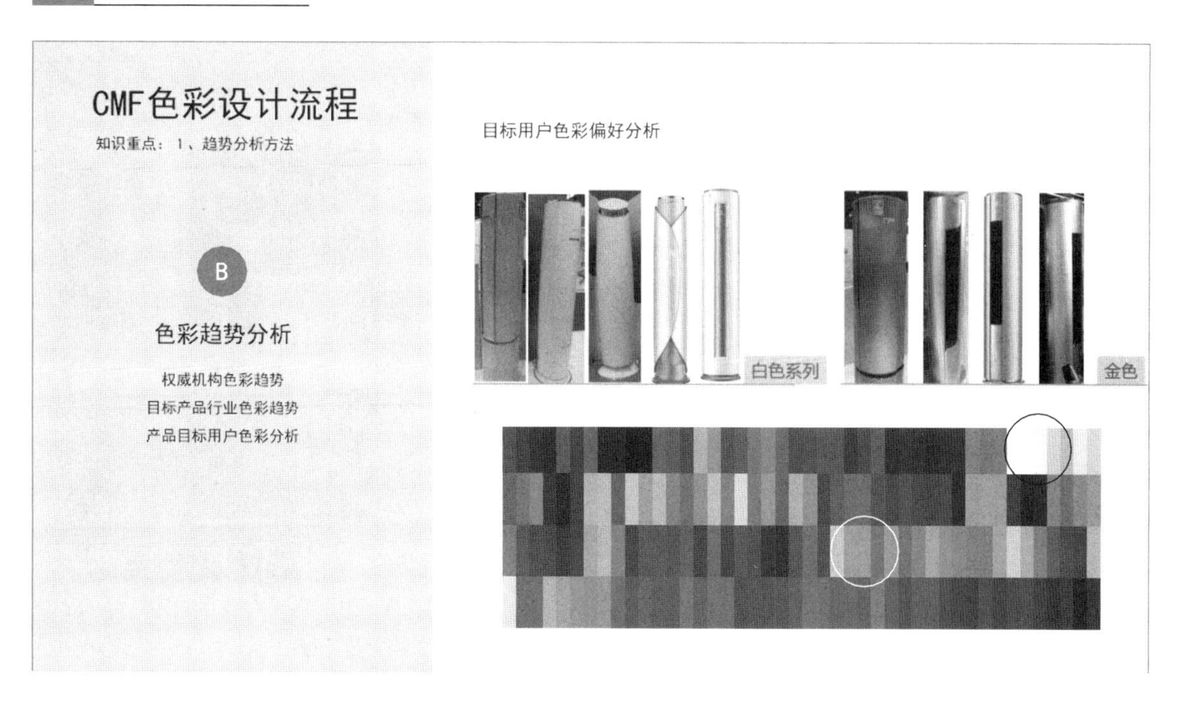

05 行业趋势分析

CMF色彩设计流程

知识重点：1、趋势分析方法

色彩趋势分析

产品目标用户色彩分析

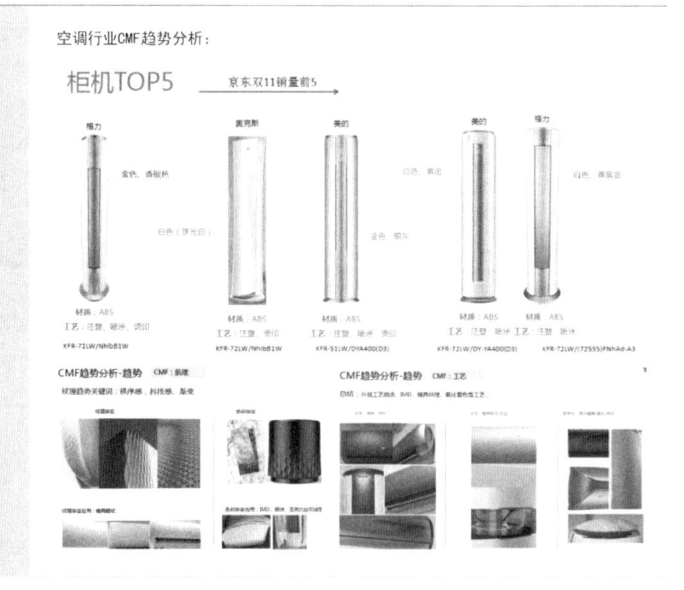

06 行业色彩趋势分析

CMF色彩设计流程

知识重点：1、色彩搭配

色彩方案设计

配色方案设计

2D\3D效果

注塑料色板打样

彩色高光注塑
电铸雅银Logo
格栅侧板不同颜色注塑

- 奶油色系，柔和家居，浓淡适宜
- 烫印银色LOGO
- 前后分色，增强层次

彩色高光注塑
电铸雅银Logo
上下不同颜色注塑

低端机

- 粉色系，柔和家居，浓淡适宜
- 烫印银色LOGO
- 整体不分色，优化成本

07 配色方案

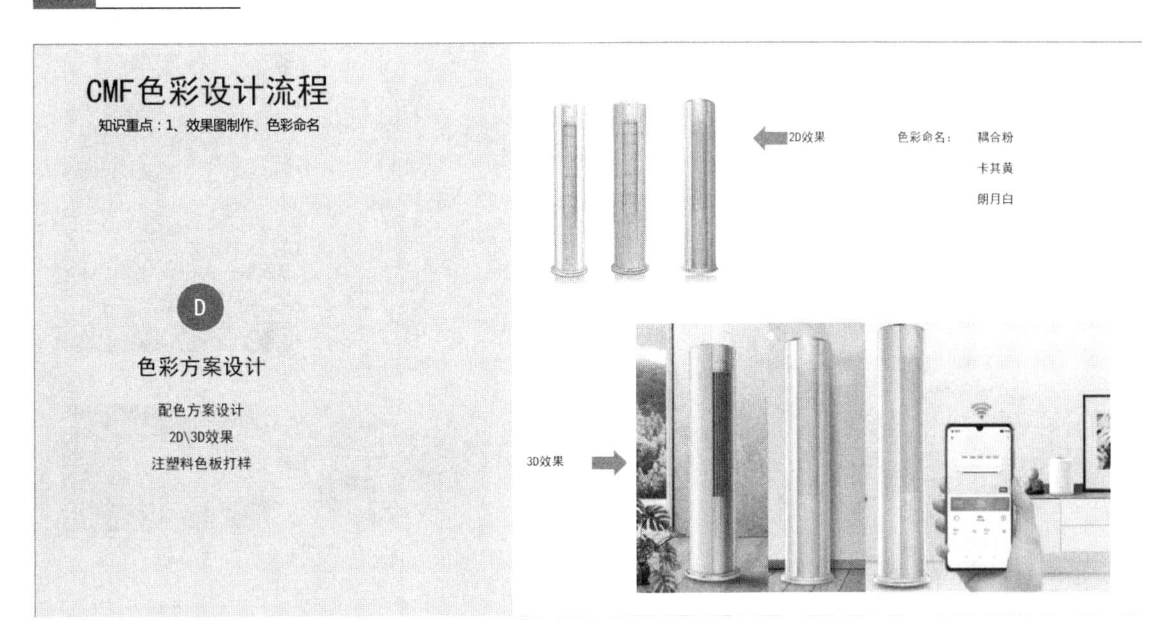

08 色彩命名

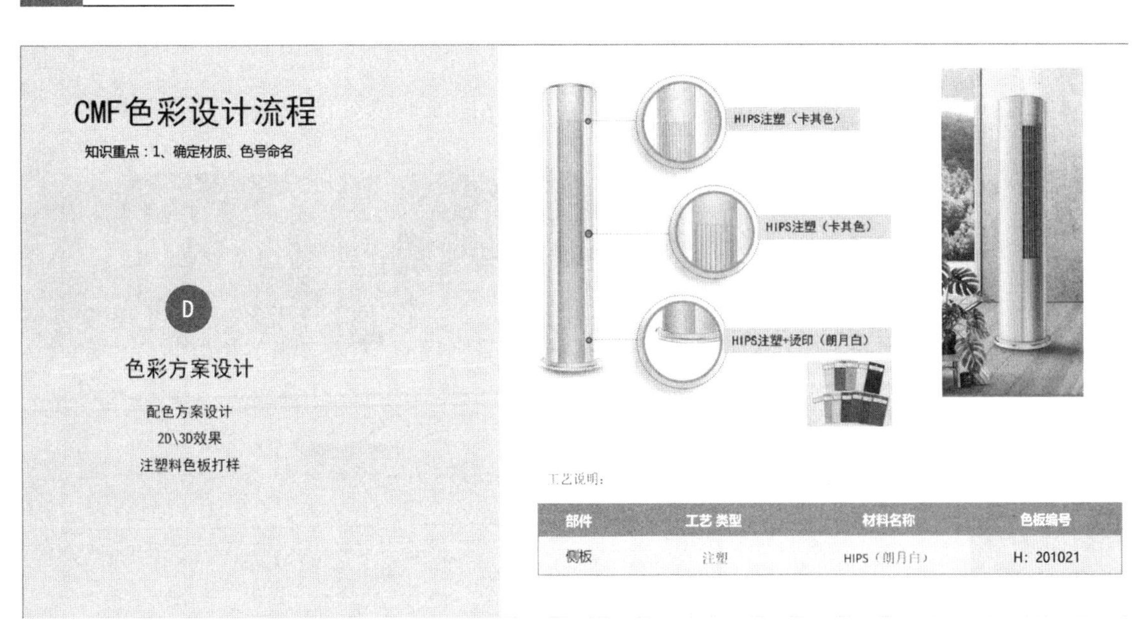

部件	工艺 类型	材料名称	色板编号
侧板	注塑	HIPS（朗月白）	H：201021

09 配色方案

CMF色彩设计流程

知识重点：1、材质选择、输出标准色号

色彩方案设计

配色方案设计

2D\3D效果

注塑料色板打样

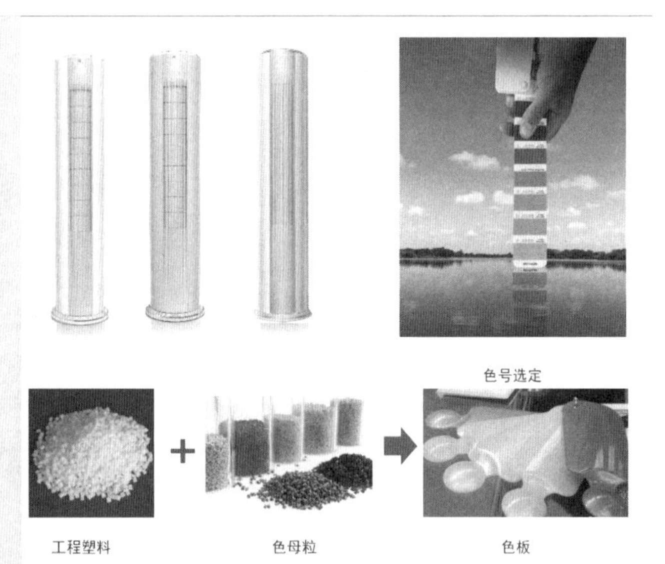

10 方案评审

CMF色彩设计流程

知识重点：1、组织评审　2、发布结论

样机制作与评审

样机制作

样机评审

研发中心51周会议决议

2018-12-17 16：30~19：00　会议地点：研发1号会议室　会议主持：sandy　表单编号 TX-FB.03.01-07A

1. 周/月例会决议事项完成情况通报
2. 研发项目进度情况及主要瓶颈问题
3. 设计质量异常问题通报
4. 研发重点工作部署

问题点/改善需求/事项	行动决议	负责人	预计完成时间	进度情况	备注
内机底座颜色不统一	工业设计牵头推动内机底座颜色统一，在生产旺季到来前完成	[illegible]	2018/12/30	推进中	

6.2 CMF 工艺创新应用案例

01

塑料免喷注塑工艺

免喷工艺概述

CMF表面处理工艺

CMF成型工艺

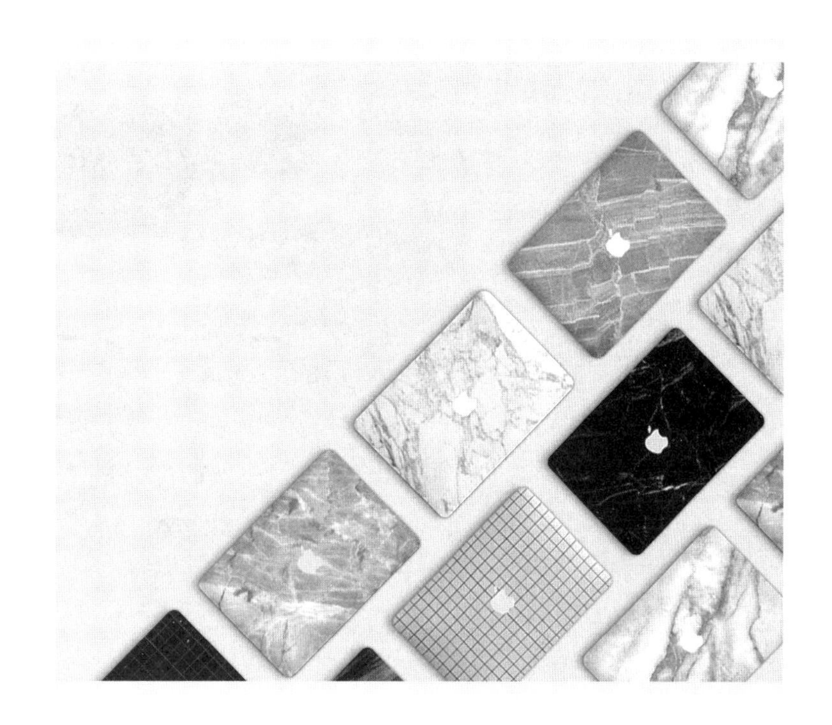

02

塑料免喷注塑工艺

知识重点：表面处理工艺分类

一、塑料成型工艺概述

成型工艺：是指产品本身外观造型的从基础材料到外观确定的工艺称为成型工艺；

b、加法成型：通过材料增加的成型方法，代表工艺有注塑、发泡、压铸、3D打印；

c、减法成型：也叫减材制造，通过对基础材料的切削的成型法，代表工艺有车铣、刨削、激光雕刻。

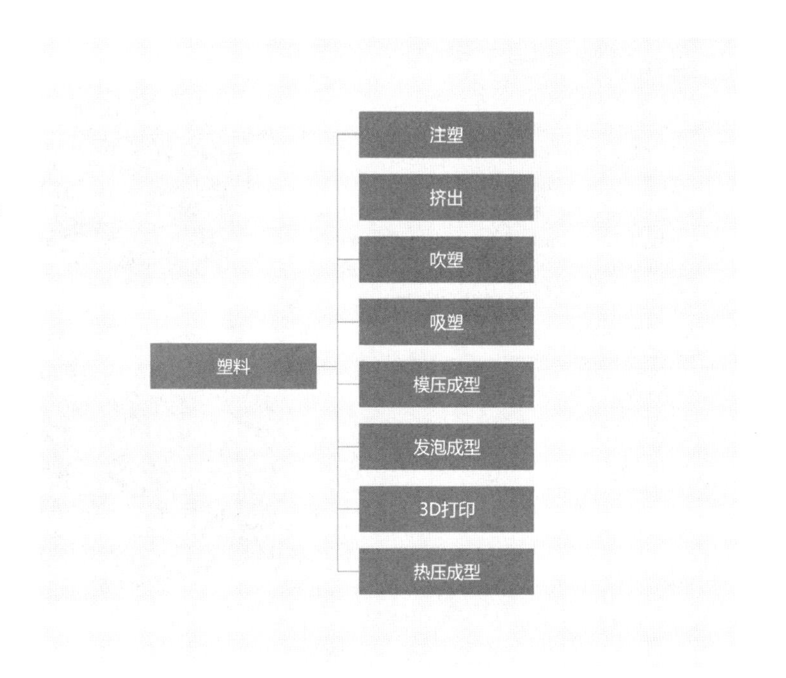

03

塑料免喷注塑工艺

知识重点：表面处理工艺定义

注塑成型：注射成型机（简称注射机或注塑机）是将热塑性塑料或热固性料利用塑料成型模具制成各种形状的塑料制品的主要成型设备，注射成型是通过注塑机和模具来实现的。

适用材料：几乎所有的热塑性塑料都可以使用注塑成型。

模具：模具是用来制作成型物品的工具，这种工具由各种零件 构成，不同的模具由不同的零件构成。它主要通过所成型材料物理状态的改变来实现物品外形的加工。

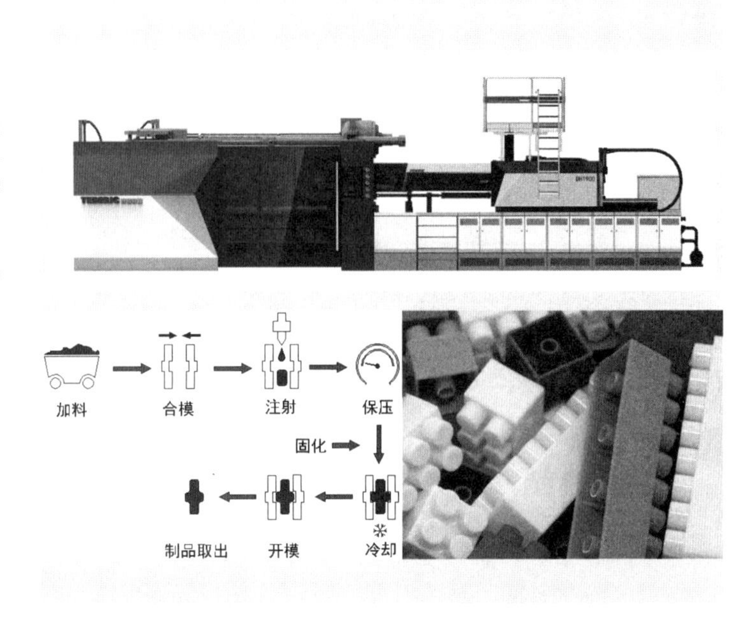

04

塑料免喷注塑工艺

知识重点：分类概念

免喷注塑工艺：在塑料注塑成型后，不需要再做表面处理一次性达到理想的表面效果。

喷涂塑料以色彩鲜艳的“高颜值”而风靡市场，但在可持续性发展的大环境下，传统喷涂行业一度饱受诟病。喷涂过程中不仅污染环境，高危、高伤害性的的喷涂作业环境还会对生产线工人造成严重的健康隐患，喷涂产生的voc气体也导致了雾霾的加重。

并且，喷涂塑料还存在生产环节多、设计自由度低、加工成本高等问题。 消费者对极致美的追求正进一步倒逼制造企业加大对产品外观设计、视觉美感、低碳环保的重视。

05

塑料免喷注塑工艺

知识重点：注塑工艺的流程

免喷注塑的模具工艺：

温度控制精准度高，所以对于冷热水循环系统的设计要求更高，并增加隔热层，以确保模具具有快热快冷的控制效果，另外就是保证温度的均匀性分布。

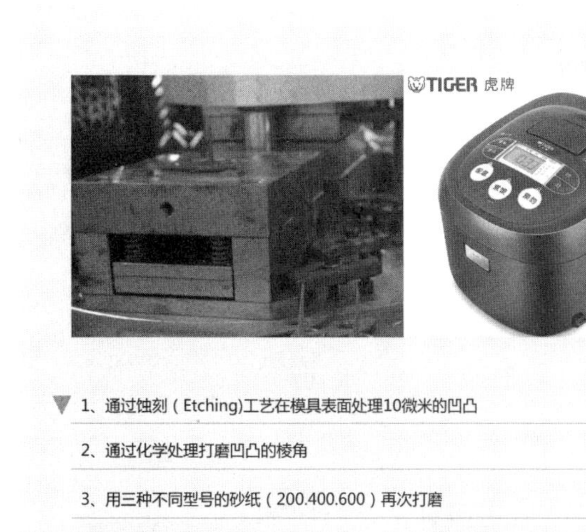

1、通过蚀刻（Etching)工艺在模具表面处理10微米的凹凸

2、通过化学处理打磨凹凸的棱角

3、用三种不同型号的砂纸（200.400.600）再次打磨

4、用猪毛刷钻石研磨剂进行二次打磨

5、模具表面进行镜面抛光

06

CMF常用工艺介绍

知识重点：注塑工艺的流程

二、注塑工艺“钢琴漆效果”案例

1、“钢琴漆”质感注塑工艺详解：在表面处理的工艺中有一种称为”钢琴烤漆”处理方法，它的特点是能呈现“镜面”的光泽，生活中电视，电脑，打印机，电子产品，手机，都争相采用，以往钢琴烤漆的效果一般是通过“喷涂”工艺来实现，由于喷涂工艺不环保，而且“打磨”人工成本较高，因此通过对模具工艺的调整，用注塑工艺直接可以实现“钢琴烤漆”效果。

适用材料：ABS，PP。

07

CMF常用工艺介绍

知识重点：注塑工艺的流程

2、“钢琴漆”质感注塑工艺的几个重点：

a、将模具加热到60摄氏度以上，可以让注塑料不会马上冷却；

b、注塑料的选择：PP（聚丙烯）虽然比ABS便宜，但是注塑后光泽感不如ABS，流动性也比较差，ABS树脂有较佳的光泽；

c、模具的设计：对模具的注塑口，和结构“加强筋”结构进行改造。

总结：经过模具改造，在不需要在注塑件表面再做处理，也可以实现高亮度的“钢琴漆”效果。

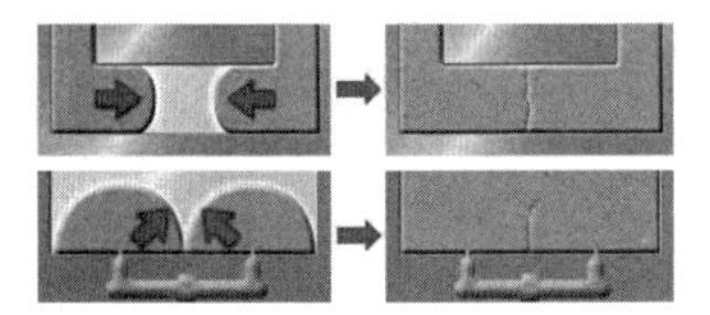

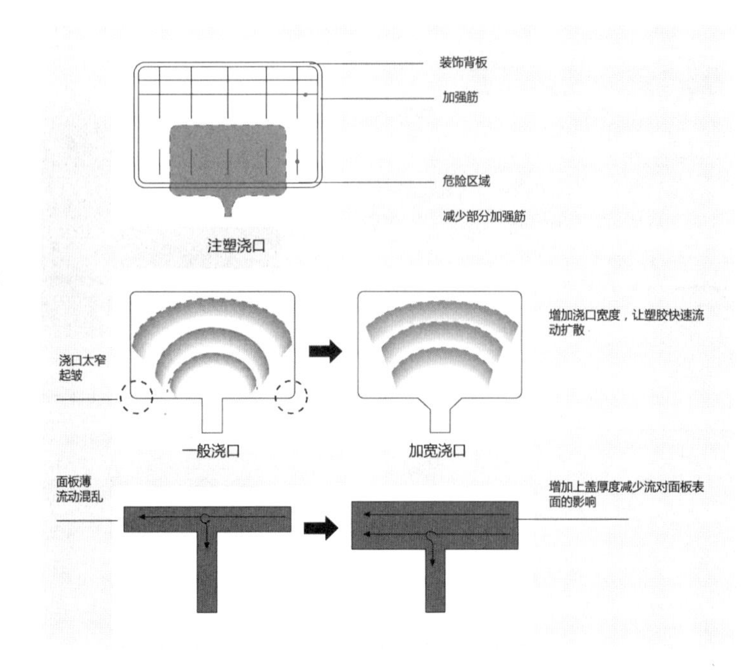

08

塑料免喷注塑工艺

知识重点：注塑工艺的流程

三、免喷注塑料

1、材料的流动性要高，以便更好的在腔内流动，避免产生气纹、熔接线以及高剪切力影响性能；

2、材料表面耐磨性好，对于产品表面硬度的要求是保证产品在使用过程中保持良好外观的要求，一般都需要在H铅笔硬度以上的材料才能满足需求；

3、材料热稳定性好，以免在日常使用过程中各种温差变化引起不良反应；

4、耐化学性能要好，特别是减少挥发反应，以防止造成对模具的腐蚀及使用过程中产生雾化反应；

5、材料光泽度要高；

6、韧性和刚性要求，以满足产品能经受跌落等考验。

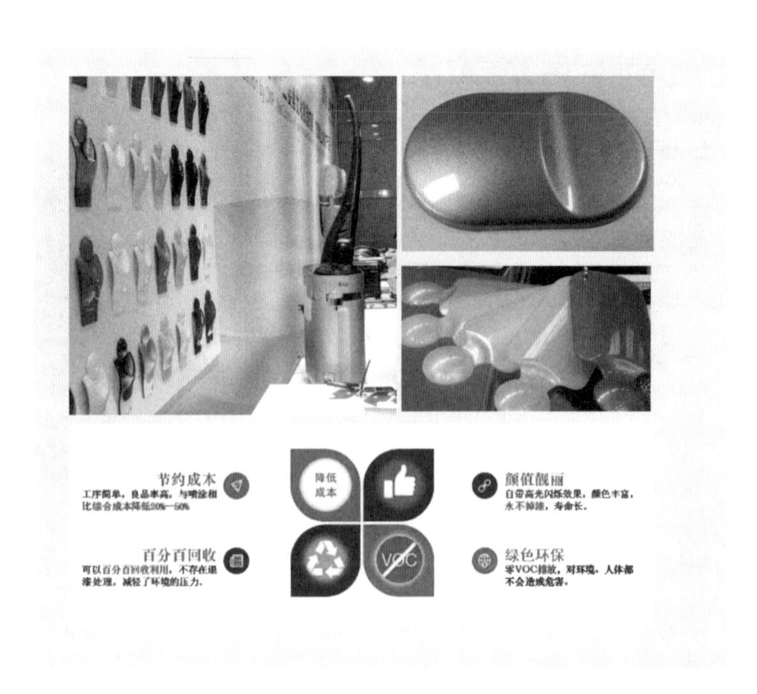

09

塑料免喷注塑工艺

知识重点：注塑工艺的流程

7、模具设计以及生产加工的过程都对实际效果产生影响。戴森吸尘器的模具设计将材料的生产过程中产生的缺陷掩盖在吸尘器吸头底部。

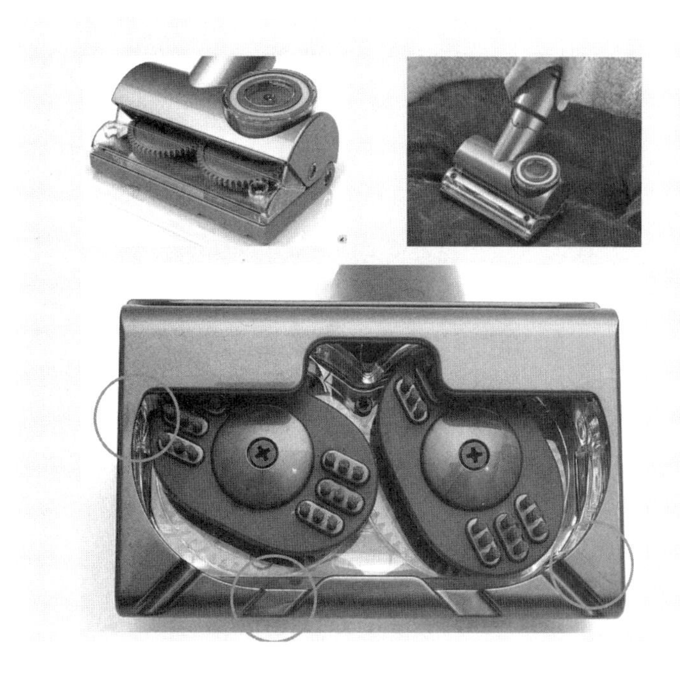

10

塑料免喷注塑工艺

知识重点：注塑工艺的流程

四、免喷注塑料应用

1、非金属质感更容易批量使用，有添加肌理的塑料材料哑光或者磨砂效果，不容易出现注塑溶解痕迹。

2、造型避免不规则形态，简洁规则的造型，采用免喷涂材料更容易实现。

习　题

1. 写一份手机外观最新流行材料工艺趋势报告。
2. 对近三年内外观设计行业新材料工艺应用案例进行梳理。

TREND

07 CMF 趋势

7.1 CMF 趋势研究方法与案例

7.1.1 CMF 趋势研究方法

CMF 趋势研究步骤：

经济
政治
社会
科技
设计
文化

01 宏观环境研究

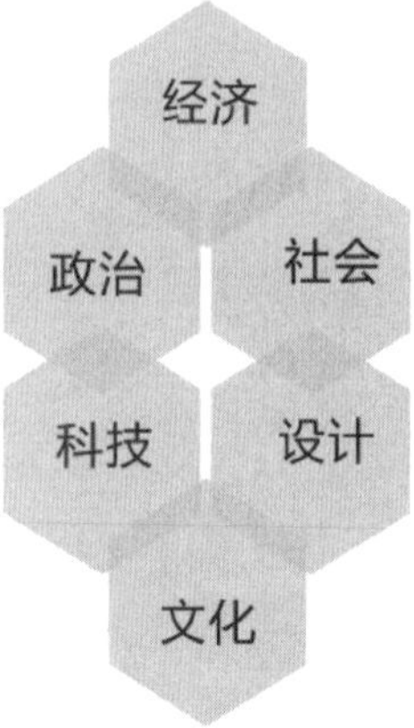

行业协会、趋势机构、研发企业等机构通过媒体发布的趋势信息，以及跨行业的大事件、技术突破等信息。

设计媒体
产品设计师
家居媒体
趋势分析师
材料设计师
经济学家

传媒及专业人士 02

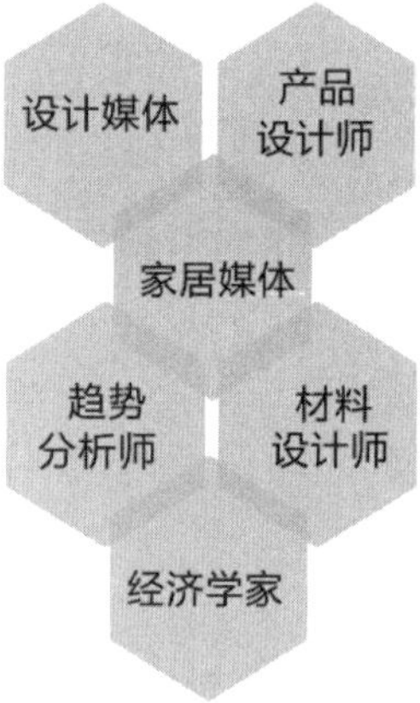

专业期刊：NELLY RODI 和 WGSN（英国）FASHION Snoops（美国）POP 时尚网络机构等，NCS（自然色彩系统）PANTONNE（潘通）国际流行色协会。

主题
主题
主题
主题

03 主题归类

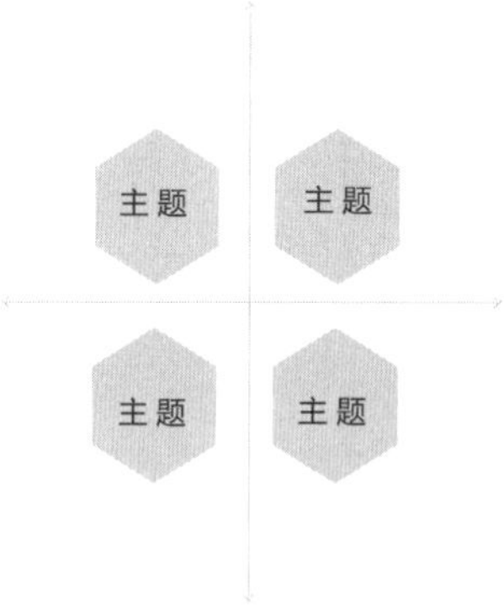

对各个行业的趋势归类为主题关键词。

风格
色彩
图案
表面处理

趋势描述 04

设计趋势相关的关键词进行具体的总结描述。

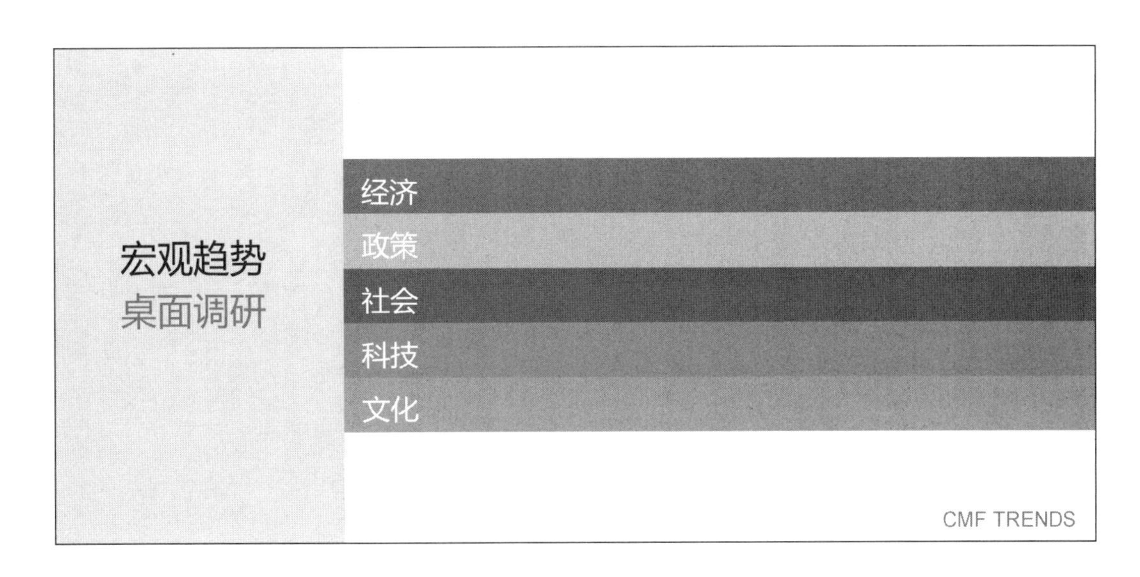

经济 KEYWORDS

经济、认同感、品质感 关键词

政策 KEYWORDS

智慧、良健、雅观、可持续 关键词

社会 KEYWORDS

中国精神、新国韵、她经济、体恤、反省 关键词

科技 KEYWORDS

未来感、循环、聪颖、情感机器、力量感 关键词

文化艺术 KEYWORDS

弹性、幽默精神、细作 关键词

专家调研KEYWORDS

多感官体验 / 精神性 / 话题性
操作感 / 可靠 / 稳定 / 归属感

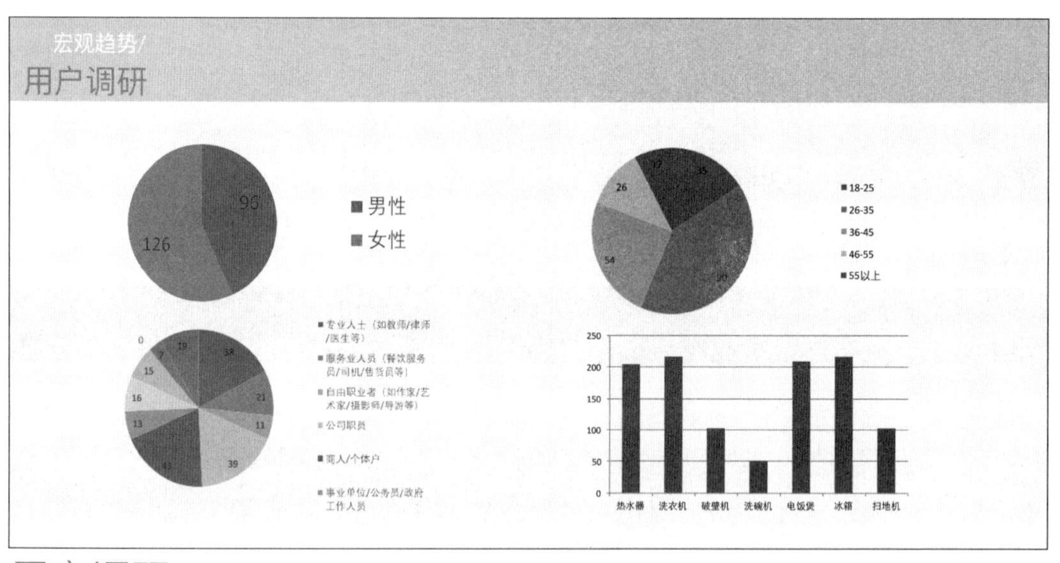

用户调研

Top 5：实用、耐用、智能、高级、简洁

7.1.2 CMF 趋势研究案例

01

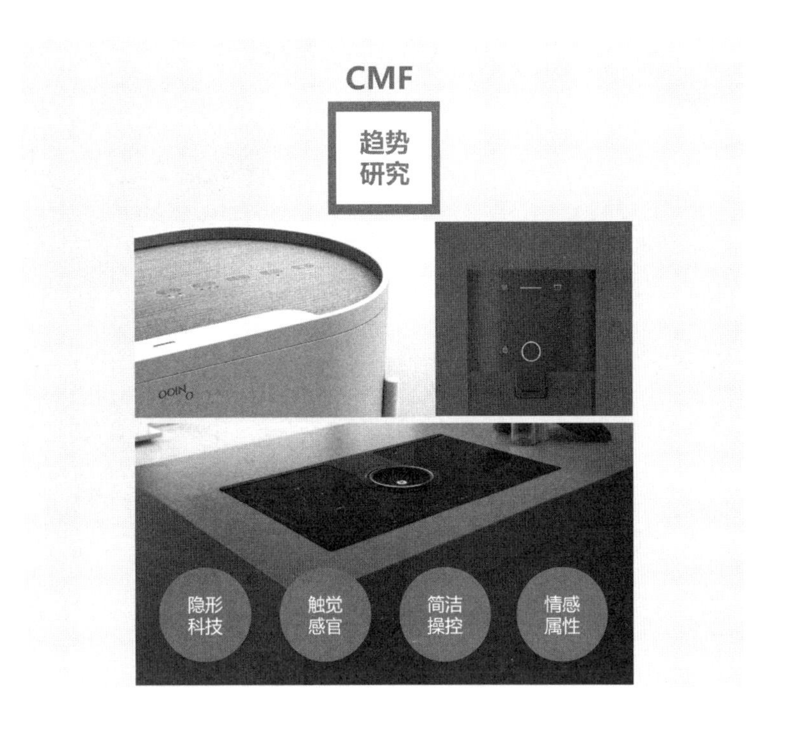

智能互联与CMF趋势

智能家电CMF趋势

金属材料表面处理工艺介绍（VCM覆膜板）

玻璃覆膜工艺实例详解（冰箱面板）

02

智能家电CMF趋势

知识重点：趋势发生变化的原因

一、智能化物联网家电的CMF趋势—C

1、色彩以无色系列，黑，白、灰为主，在产品的外观与内在等多个维度上充分体现出产品的智能化感觉，家电及电子产品在视觉（极简外观、哑光肌理）。

03

智能家电CMF趋势

知识重点：趋势发生变化的原因

2、色彩纯度降低，稳重、磨砂质感为主，舒缓、放松、纯粹的颜色。

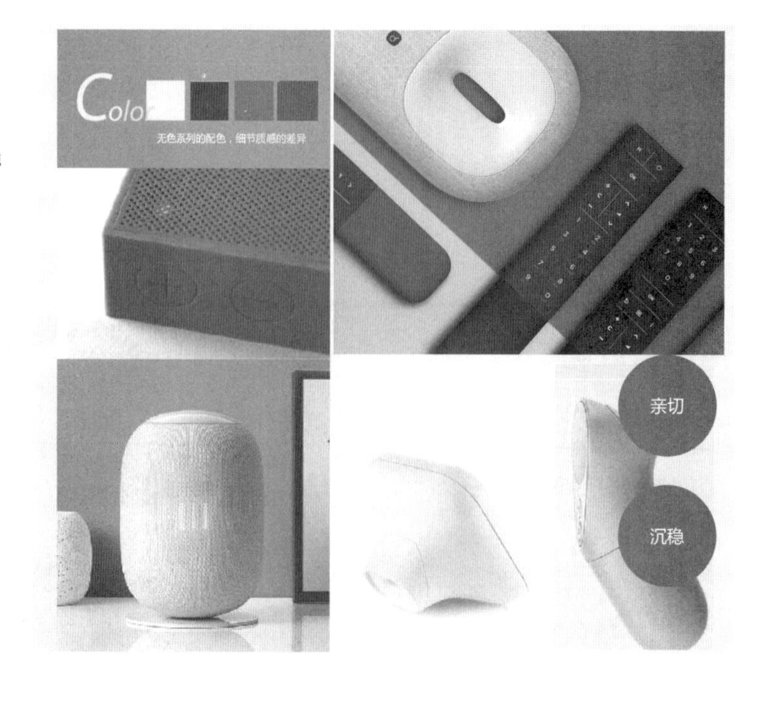

04

智能家电CMF趋势

知识重点：趋势发生变化的原因

3、色彩赋予产品的情感化属性将越发重要，单一色彩可传达的情感属性有限，借助新的材质工艺，温和的渐变色彩将带来更加细腻，层次更加丰富。

05

智能家电CMF趋势

知识重点：趋势发生变化的原因

4、色彩搭配简洁明了，少了过渡装饰，高纯度色彩与无色系搭配，强调属性和质感.。

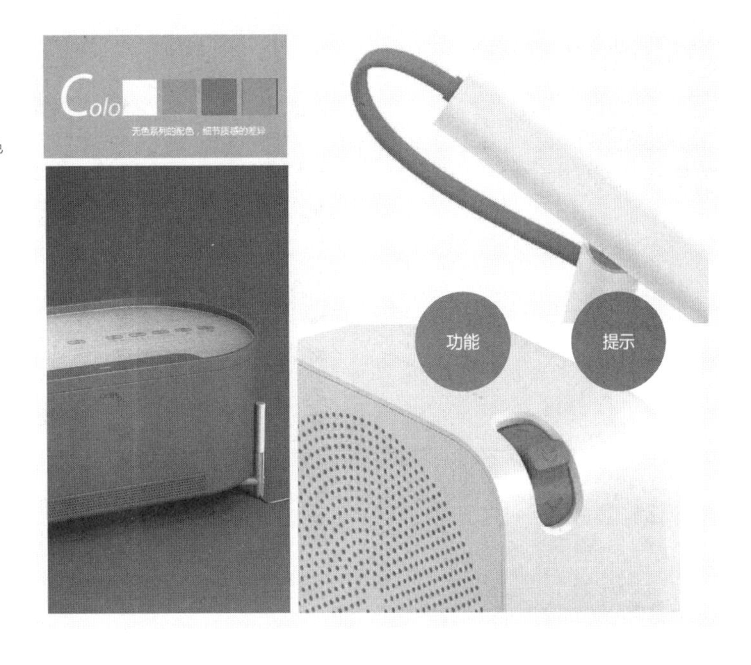

06

智能家电CMF趋势

知识重点：趋势发生变化的原因

二、智能化物联网家电的CMF趋势—M

1、大家电外观奢华的暗色调金属材质，通过极简的外观，突出材质本身的质地 给使用者感受，不同材质搭配不同的室内设计风格。

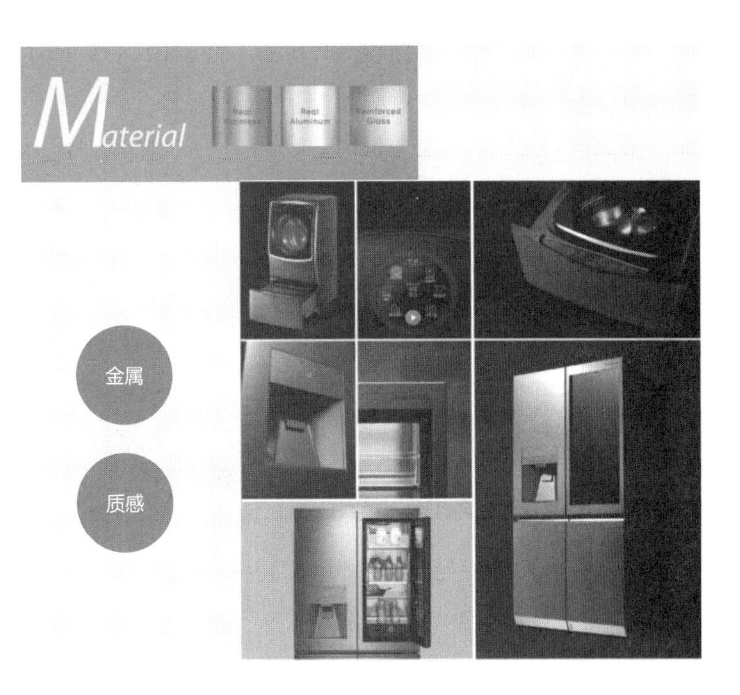

07

智能家电CMF趋势

知识重点：趋势发生变化的原因

2、模拟木头的材质，打造艺术质感的家具风格家电，采用天然的实木和铝合金材质搭配，防止变形，增强耐用性。

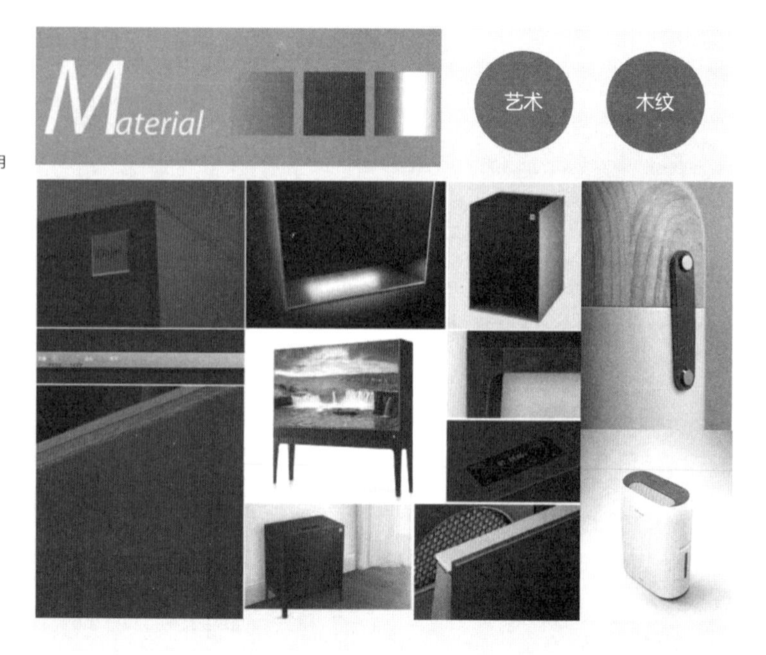

08

智能家电CMF趋势

知识重点：趋势发生变化的原因

3、采用哑光的磨砂玻璃，给人一种亲和的温润质感，多种色彩的选择个性化的定制。

09

智能家电CMF趋势

知识重点：趋势发生变化的原因

三、智能化物联网家电的CMF趋势—F

1、脱离虚拟的视觉，回归本质，通过运用更丰富的自然材质，来强化人们本能五感中，来自听觉，触觉，等感官的参与度从而带来更立体，更多元的产品体验。

10

智能家电CMF趋势

知识重点：趋势发生变化的原因

2、用户在与产品的互动中，无论是单纯的触碰，还是静听，都能享受更真实，更深层的品质感。

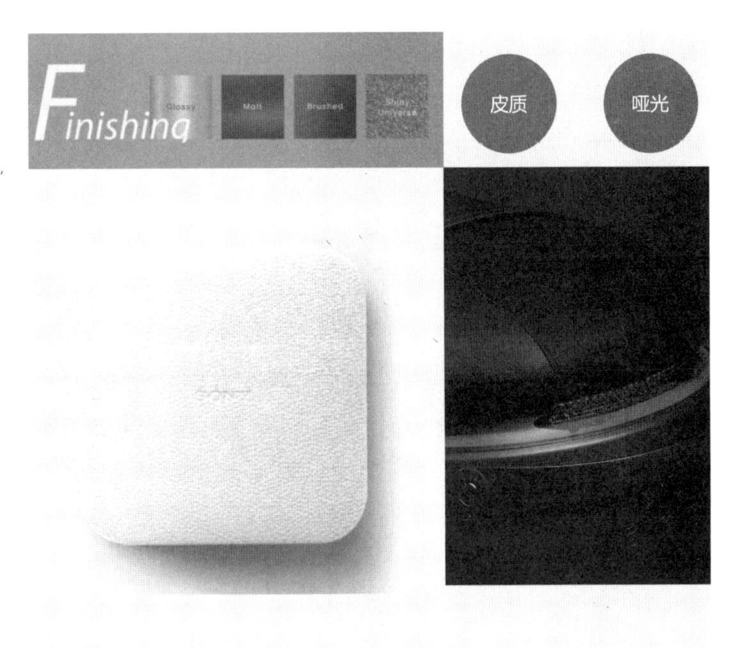

11

智能家电CMF趋势

知识重点：趋势发生变化的原因

四、智能化物联网家电的CMF趋势—P

参数化的纹理设计，让产品科技感十足。

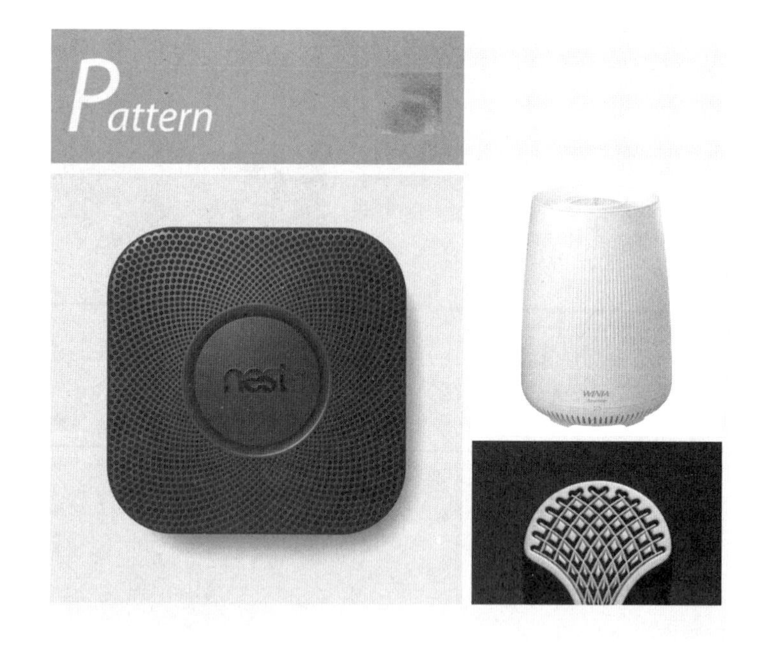

12

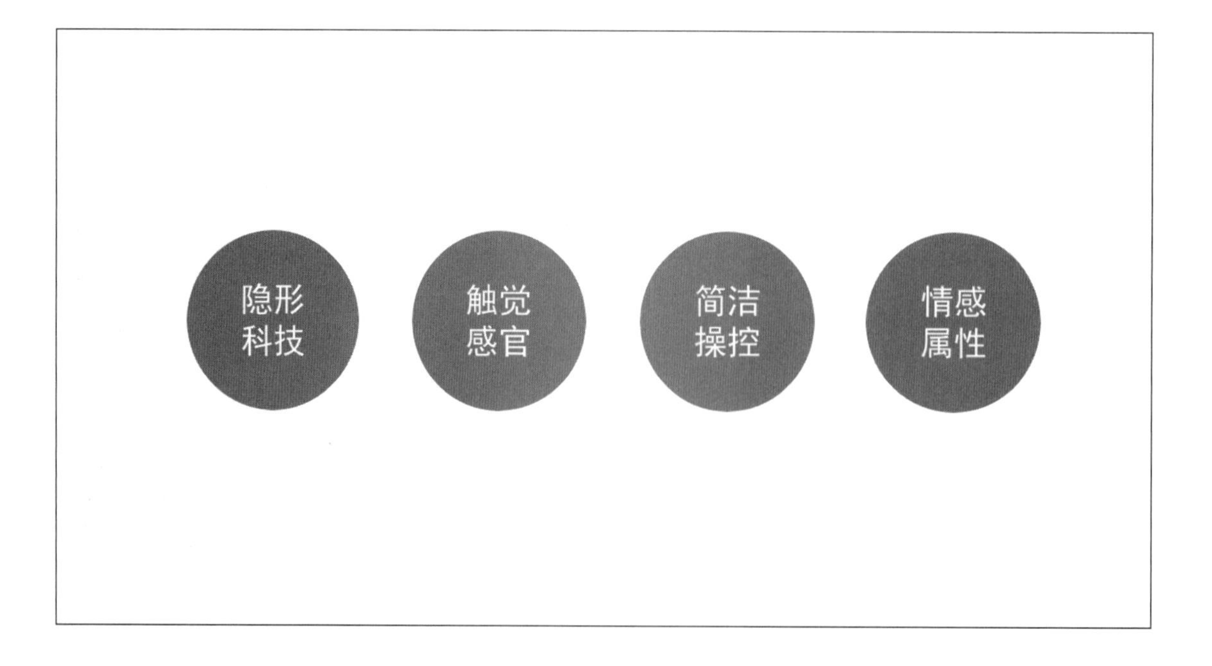

7.2 CMF 行业发展趋势

行业趋势一：CMF 设计行业机会增加

目前 CMF 行业在迅速发展，越来越多的公司在认识到设置 CMF 这个岗位的必要性，同时有越来越多的人在进入这个行业。但是目前行业的很多方面还不是很成熟，需要很多有责任心的和实力的团体来帮助这个行业向前发展，特别是给予新进入或要进入这样行业的人更多的助力，包括知识方面的推广、个人技能的提高、工作岗位的推介。当然在行业发展的过程中，会出现很多的机会，其中会有一批机构和个人成长起来，并成为行业的标杆。

行业趋势二：跨行业融合

产业在不同行业当中去跨界、交叉，从而产生变革。变革中有机遇也有风险，跨界应用与创新一直是企业在不断努力的方向，不同行业的素材及灵感可互通，比如家居的很多设计理念可以被带到家电行业，手机的材料工艺也可以被汽车内饰所应用，一些工艺的微创新可能在某个特定应用领域中发挥出很大价值。

行业趋势三：CMF 设计师知识要求更加全面

随着设计行业的发展，对设计师的知识储备要求也是越来越全面，除了设计本专业本身的技能之外，对市场调研、趋势研究、产品规划等产品开发的前期环节知识点的储备，这就要求 CMF 设计师要不断地学习，更新知识范围，更加全面地提升创新的能力。

参考文献

[1] Nikkei Design. 设计师一定要懂的材质运用知识 [M]. 台北：旗标，2016.

[2] 原田玲仁 . 每天懂一点色彩心理学 [M]. 郭勇，译 . 西安：陕西师范大学出版社，2009.

[3] 伊达千代 . 色彩设计的原理 [M]. 北京：中信出版社，2011.